天气变变变

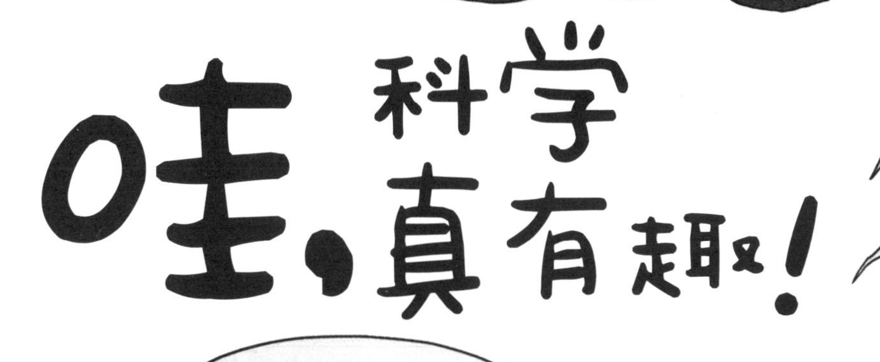

天气变变变

我的天！你的脸怎么又变了！

游一行　编著

石油工業出版社

图书在版编目（CIP）数据

天气变变变 / 游一行编著. --北京：石油工业出版社，2021.3
（哇，科学真有趣）
ISBN 978-7-5183-4372-0

Ⅰ. ①天… Ⅱ. ①游… Ⅲ. ①天气－少年读物
Ⅳ. ①P44-49

中国版本图书馆CIP数据核字（2020）第243649号

天气变变变
游一行　**编著**

出版发行：石油工业出版社
（北京市朝阳区安华里二区1号楼　100011）
网　　址：www. petropub. com
编 辑 部：（010）64523616　64523609
图书营销中心：（010）64523633
经　　销：全国新华书店
印　　刷：鸿鹄（唐山）印务有限公司

2021年3月第1版　2021年3月第1次印刷
710毫米×1000毫米　开本：1/12　印张：12
字数：117千字

定价：39.80元

前 言

刚才还晴空万里，突然电闪雷鸣，就下起了小雨；体育课上汗流浃背，阵阵凉风却能给你带来凉爽；台风太可怕，它会吞噬整个村庄；冬天白雪皑皑十分美丽，却又让人们陷入寒冷……天气就是这么让人捉摸不透。可是你知道吗？各种变化莫测、千变万化的天气中，恰恰蕴藏了有趣的科学原理。

为什么把雨叫作云间飞来的小冰粒？能把所有东西都卷走的龙卷风到底从何而来？为什么说雷和闪电是形影相随的好兄弟？能用磅秤给空气称重量吗？怎样才能预测未来的天气？二十四节气究竟有哪些，它们准确吗？……你的小脑袋里是不是也充满了这样那样关于天气方面的疑问？

各种各样的天气每天陪伴着我们，让你躲也躲不开，藏也藏不了，但是不要害怕，这些都只是再正常不过的天气现象。天气就是个调皮鬼，瞬息万变，本书将为你揭开它神秘的面纱！带你进入奇妙的气象世界，让你了解生动有趣的气象知识，让你从此和它成为好朋友。

书中不仅有云、雨、雷电、风、雾、雪、露水、霜和冰雹等我们常见的天气名词的介绍，还有关于气候、大气、气压、温度、湿度、季节、天气预报和二十四节气等稍微复杂一些的天气知识。书中通过浅显易懂的语言，搞笑、幽默、夸张的漫画，将突破常规的知识点，一点一滴地全部告诉你。从此，复杂的气象知识不再枯燥乏味，暴雨洪峰不再可怕，你曾经在生活中产生过的那些疑惑也会得到解答，那些之前看起来像谜一样的天气，接触后你会发现它们其实很好理解。每一部分后面还设置了看似简单却又蕴含着多彩知识的小测验，会让你温故而知新，加深记忆。

引人入胜的故事，有趣的难题，各种奇谈怪论，书中的精彩内容不仅会让你提升阅读兴趣，还能激发你发现新事物的能力，读罢大呼“原来如此”，竖起大拇指，啧啧称奇！那还等什么，赶紧好好看看这神奇的天气书吧！

最湿最湿的天气，要发霉了

最闷最闷的天气知识，要出水了

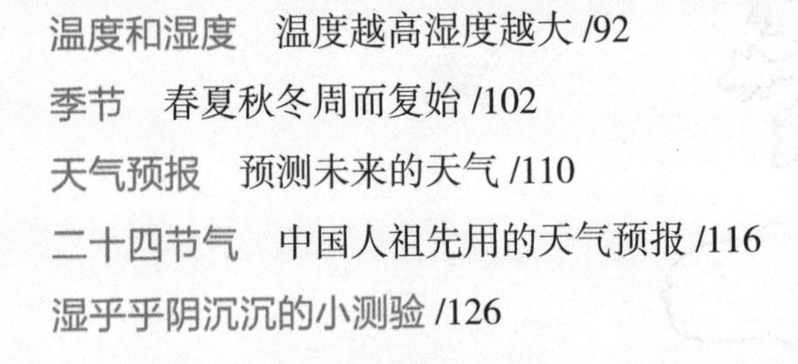

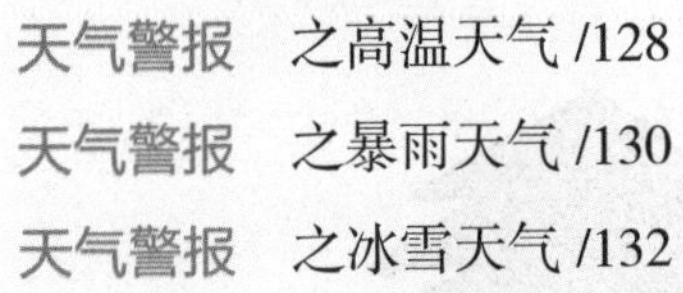

最湿最湿的天气，
要发霉了

云

天上有朵水做的云

想腾云驾雾？我就知道你有孙悟空的志向，那你可要先了解云是怎么回事哦！云是从哪里来的？都有哪些云？最后又去了哪里？云的内部是什么？不了解它就没办法驾驭它，这可是个真理啊。

云是水变的

云是怎么来的呢?

阳光照射大地，温度会升高，地面上的水会蒸发，变成水蒸气，成了空气的一部分。空气吸收了热量体积会变大（热胀冷缩嘛），变大之后会怎样呢？当然是变轻了，这些空气会向高处移动，形成上升气流。越往高处走温度会越低，到达一定高度后，空气受不了了，就会发生一些变化。空气内部的水汽会聚集在尘埃周围，变成一个一个的小水滴（也有变成冰晶的）。阳光照射到这些小水滴上发生散射，原来看不到、摸不着的空气就有了形体：漂亮的白云。

各种云足够设一个博物馆

提到云，你脑海中可能就会浮现一些白色的、蓬松的云团。不过，相似的云也有着千差万别，存在不同的种类。

笼统说来，云主要有三种形态：成团的积云、成片的层云和纤维状的卷云。1929年，国际气象组织按云的形状、组成、形成原因等，把云分为十大云属。而这十大云属则可按其云底高度划入三个云族：高云族、中云族、低云族，也有人将积雨云从低云族中分出，称为直展云族。

高层云，变厚时说明要下雨（雪）了

直展云是垂直发展的云，它很厉害，能从近地面一直伸展到对流层顶。直展云主要有两种：积云和积雨云，它们都喜欢在夏天出没。灼热的阳光使地面含有很多水汽的空气很快膨胀、上升，形成积云。天空中有积云出现，很可能会发生降雨。积雨云又叫强雨云，会带来雷阵雨或冰雹，远没有积云温柔。

距离地面2000米以下的云叫低云，包括层云、层积云、雨层云。层云又叫雾云，是距

小冰粒
高积云，由小冰粒组成
飞行云，气体和水蒸气混合成小水滴

离地面最近的云，它是升到高空的雾气变成的。层积云又名卷云，是灰色的会带来降雨的云，平时阴天你最常见到的就是这种云。雨层云又叫雨云，它的云层比较厚，分为上、中、下三部分，上部是冰晶区，中部为冰晶和小水滴混合区，下部为小水滴区。一旦有雨层云出现，说明会有大规模的雨雪天气。

距离地面 2000 ~ 6000 米的天空飘浮的云属于中云，中云分为高层云和高积云。高层云又叫灰白色云，它的面积很大，可惜太薄，看起来就像一张被拉大的印度飞饼。如果高层云变厚了，就说明要下雨（雪）了。高积云比高层云丰满多了，它还有个名字叫“羊群云”，光听听这名字就知道这家伙有多白多胖。距离地面 6000 米以上的高空漂浮的云朵叫高云。高云所处的位置水蒸气稀薄，加上气温低，所以高云基本上都是由小冰粒组成的。“原材料”稀少导致高云都看起来很单薄，淡淡的近乎透明，丝丝缕缕的样子。卷云、卷积云、卷层云都属于高云。卷云又叫“毛卷云”，是所有云彩里飞得最高的。卷积云云块很小，看起来像白色的细波或者鳞片，所以又叫“鱼鳞云”。卷层云在前面出现过，就是它让天空出现了日晕、月晕现象，所以人们也叫它“日晕云”。

还有一种云叫飞行云。飞机飞过之后，会拖下几条长长的云彩尾巴。飞行云跟天气变化没有什么关系。飞机发动机有气体喷出，这些气体跟高空中的水蒸气相混合会形成小水滴，形成了长条状的云彩。温度越低飞行云保持的时间越长，如果是很热的天气，飞行云一会儿工夫就变淡、消失了。

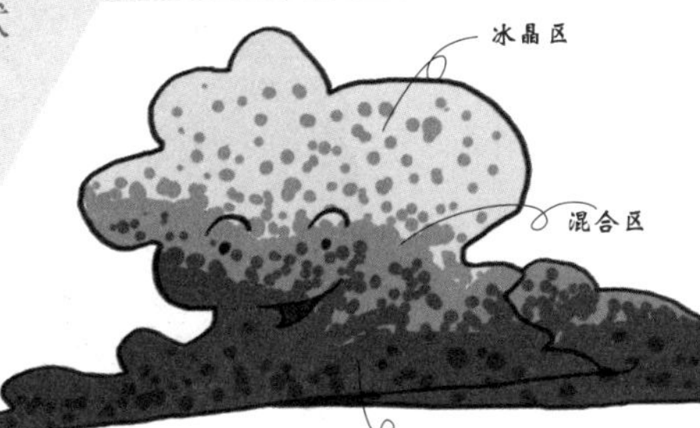

云可不只是白色哦

找个晴朗的天气躺在草地上，看天上缓缓流过的白云最舒服不过了……孩子，你注意过没有，云并非总是白白的一团，它有各种各样的颜色。你都见过什么颜色的云呢？白色的不用说，还有灰色的、黑色的、红色的……真不少呢！

云的颜色与它的形状有很大关系，波状云和层状云比较薄，看起来是灰色的。波状云尤其薄，它的边缘部分呈现出了灰白色。积雨云、层状云厚度较大，晚上月亮的光线难以穿透，白天太阳的光线对它们也无可奈何，因此它们看起来是黑颜色的。

日出和日落的时候能看到红色、紫色的漂亮云朵。这两个时间太阳的光是从大气层里斜射出来的。阳光在大气层会碰到很多碍事的家伙，比如气体分子、水汽、尘埃和其他杂质，这使得阳光中的短波光线被散射了很多，只有一些长波光线能穿透大气，到达下层大气层。都有哪些色光是长波呢？红色光和橙色光。可以说，太阳升起和落下的时候，能到达大气下层的光基本上都是红光和橙光，所以太阳周围的云朵会变成鲜艳美丽的红色。

喜欢自由自在的积状云，如一只一只绵羊在蔚蓝的天空悠然散步，它们看起来真白呀。积状云厚厚的，它朝向阳光的一面能将太阳光线全数反射，因而看起来是白颜色。不过你要是能看到背光的一面，会发现是黑色的，因为阳光不能穿透它。

一滴雨的来历

夏日天空碧蓝，不时会飘起一小团一小团的可爱云朵，可不要小看它们哦，它们名叫积云，是积雨云的前身。

积云有平平的底部和拱起的顶部。这是因为当空气团上升时，内部温度基本一致，水汽的分布也比较均匀，水汽发生凝结的高度基本一致，所以积云会有一个平直的底。如果条件适宜，小小的积云会越变越大、越变越厚，变成浓积云。浓积云这个名字起得很实在，就是浓厚的积云。浓积云很大块，底部和积云一样比较平，发展到成熟阶段的浓积云厚度很惊人，能达到约 5000 米。浓积云内有多股上升气流，每一股上升气流都会冲起一个“云泡”，多个云泡簇拥在一起，层层叠叠，

看起来就像菜花。有趣的是，这个硕大的菜花还会戴头巾呢。如果浓积云发展的特别好，顶部会出现一条像头巾的白云“幞状云”。

浓积云再变大，就会成为积雨云。积雨云大而高耸，如同山峦一般。它的肚子里装满了小水滴、水汽和冰晶。随着云朵越来越大，小水滴和冰晶也越来越胖，当胖到一定程度时上升气流托不住它们了，它们就会离开云朵向大地飞去。它们在飞向地面的过程中会路过其他云层，这些云层如果温度比较高，就会把小水珠变成较大的雨滴，就这样，一滴雨就诞生啦！冰晶变的过程要麻烦些，它要先变成雪珠，然后融化才能变成雨滴。

水循环

水以气态、液态、固态的形式存在于陆地、海洋和大气，这三种形式不断相互转化、循环的过程就是水循环。水循环的内因是水易于转化的特性，外因是太阳辐射和重力作用，为水循环提供了水的物理状态变化和运动能量。

云是水循环中的一个环节，它对生态平衡具有重要意义。

雨
云间飞来的小冰粒

滴答、滴答，下雨啦，种子说："下吧，下吧，我要发芽。"

滴答、滴答，下雨啦，梨树说："下吧，下吧，我要开花。"

滴答、滴答，下雨啦，麦苗说："下吧，下吧，我要长大。"

滴答、滴答，下雨啦，小朋友说："下吧，下吧，我要种瓜。"

滴答、滴答，下雨啦……

——干嘛这种表情，我知道你三岁就会背这首儿歌，我是想以一种轻松的氛围开始今天的话题。

雨滴为什么是雨滴

为什么雨会一滴一滴地掉在地上呢？这件事情要从我们身边无所不在的空气讲起。空气是由很多种气体组成的，其中一种就是水蒸气。水蒸气对降水有重要意义。

最开始水蒸气是看不到、摸不着的，要想能被人看见，水蒸气需要先找一些可以黏附的颗粒。气温比较低的时候，水蒸气会凝结在灰尘或烟尘周围，成为小水滴、冰晶，之后聚集在一起，变成肉眼能看到的云朵。海洋上空有很多盐粒，这些盐粒也会成为很好的凝结核。

有一首歌说“风中有朵雨做的云，云的心里全都是雨”，这种说法听上去很美，但并不正确，雨水其实是云朵分裂时分离而出的一部分。云本身由小水滴和冰晶组成，水滴和冰晶的体积不是固定的，会继续增大。当它们太重了无法继续待在空中时，就会掉到地上成为一滴一滴的雨了。

不过，并非所有的小水滴都那么幸运，能够变成雨来到大地上。有的水滴属于冷云团，有的水滴属于暖云团。暖云团中的小水滴如果体积不够大，双脚还没有碰到地面就又变成水蒸气回到天上去了。只有够壮、够大的小水滴才能成功着陆，成为受种子、梨树、麦苗等

热情欢迎的雨滴。如果有不喜欢雨天的小朋友，我在这里要告诉你一个好消息——雨不可能一直下。因为要想不停地下雨，就得有足够的水汽补充到云朵中，而没有阳光就不能制造大量的水汽。如果雨不停地下，天空总被乌云遮蔽，阳光又从何而来呢？雨下一阵子，补充不到水汽了，自然就会停住了。

梅雨：是梅子雨更是发霉雨

有一些雨是有时间概念的，比如梅雨。中国的长江中下游地区每年的6月中下旬会开始持续阴雨，这种天气会持续到7月上半月结束，因为这个时期正是梅子成熟的时候，所以中国人很浪漫地称其为“梅雨”。梅雨还有一个名字“霉雨”。梅雨时节气温高、空气湿度很大，家里的衣服、被子不能及时晾晒很容易发霉。比起那个浪漫的名字，这个名字更为写实。

不过作为北方人没有体验过这种天气的机

会，梅雨是江淮流域的“特产”。每年的6月底、7月初，北方的冷空气还是非常强大的。而这时，从热带海洋上会吹来一股暖空气。这股暖空气含有很多水汽，温暖湿润，随着力量逐渐加强，它会试图北上。

当暖空气遇到冷空气双方会发生僵持。含有大量水汽的暖空气向上抬升，并在这个过程中凝结成云，形成了条状雨带。冷空气和暖空气的力量不相上下，有时候冷空气力量大一些，雨带会向南移动；有时候暖空气力量大一些，雨带会向北移动。不过，总体来讲降水范围不会跳出江淮地区。

你来猜一猜，最后是冷空气赢还是暖空气赢？哈，这也猜不出？当然是暖空气会赢了。因为夏天到来了嘛，暖空气越来越强，冷空气则越来越弱，最终冷空气会被暖空气赶跑。此时，连绵的梅雨天宣告结束，炎热的夏天开始了。

天上掉下来的不全是雨

1859年2月9日，英国格拉摩根郡人永远也忘不了这一天。人们本来躲在窗户后面喝着热咖啡看大雨从天而降，结果却看到了让人难以置信的景象：天空中开始下鱼。是的，鱼，你没看错！无数小鱼从天而降，落到街道上、屋顶上、院子里。那天真是个喜庆日子，家家户户都能吃到美味的煎小鱼了。

同样的好事美国的路易斯安那州人和新西兰人也遇上过，都是发生在1949年，几千条小鱼在空中飞舞落下——有不少人后悔出门为什么只拿伞没有带一只菜篮子。

同样是美国人，肯塔基州就不怎么幸运了。1877年一次坏天气，天上也没有下雨，却下了很多蛇。这些蛇短的有30厘米，长的有45厘米。想想吧，大街上处处都是蛇，这真是一场噩梦！这种诡异的现象的始作俑者就是——龙卷风。

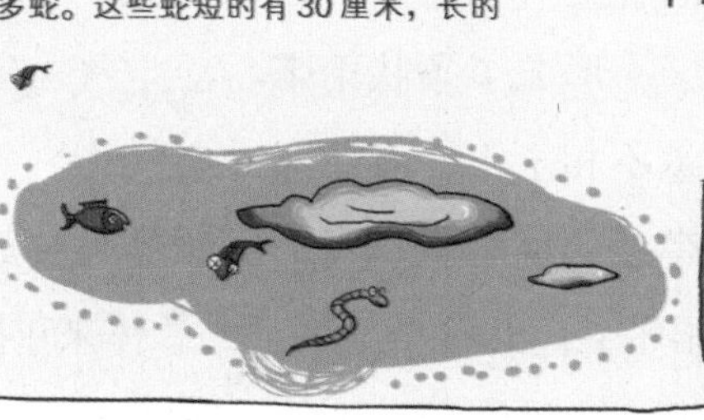

热带雨林下雨多

我们去找个下雨的地方喝茶好不好？让滴答的雨点敲打飘窗增加一些情趣。我建议去热带雨林，因为热带雨林遇上雨的机会最大，每天下午下大雨的概率为99%。

热带雨林分布在赤道地区，光照特别强烈，在热带雨林当一个天气预报员可说是最优哉的职业，每天只需要重复两句话："今天白天的最高气温是30℃，夜间最低温度为22℃。"每天上午阴天，下午下雨，热带雨林就像个墨守成规的怪老头，生活习惯改一点它都受不了。

雨林哪里来的这么大的力气天天坚持下雨呢？因为它有自己独有的云团。强烈的阳光让雨林地区的蒸发特别旺盛，热带雨林河流密布，每天都有大量

潮湿的空气从水面向天空运动。湿热的空气团在高空遇到冷空气后，会凝结降落，成为雨水。

雨林中除了水多，还有什么特别多？嘿，当然是植物！地球上超过一半的植物物种在热带雨林中都能找到踪迹，各种各样的植物亦会通过叶片蒸腾大量水分，是雨林上方湿气团的另一个重要来源。

不仅如此，南北半球的信风在赤道附近相遇，使得雨林地区地面风力很弱，湿气团不会被风吹散，能顺利升到高空凝结成雨。在一系列因素的作用下，雨林的年平均降水量能达到约 1800 毫米，降水特别丰沛的地方能达到约 3500 毫米，是不是很厉害？

雷电
形影相随的好兄弟

一道道刺眼的闪电扑向地面，接着，“咔嚓嚓！”巨大的雷声响彻天际。好恐怖，是不是？雷和电总是形影相随，闪电之后会传来雷声，似乎已经成了一个惯例。但这对好兄弟是怎么来的呢？

闪电：电荷的你来我往

乌云又不是发电机，为什么会发出闪电呢？其实不光云里面有电，世界上所有东西，包括你和我的身体里都藏着电。

无论是飞船还是我们的身体都是由原子组成的。原子核是由质子和中子组成的（注意：有一种氢原子很特殊，内部没有中子），质子带正电，中子不带电。原子核周围有围绕着它做运动的电子，带负电。正负电荷数相等就相互抵消了，原子整个呈中性。所以，当我们俩互相握手的时候，谁也不会电到谁；随意摸摸飞船里的东西，也不会发生触电现象。

不过，并不是所有时候原子里的正负电荷数都是相等的。冬天的时候和朋友一起玩，时常有人会说“哎呀你电到我了”；或者晚上在黑暗中脱掉羊毛衫，会看到“噼噼啪啪”的蓝色闪光。这就是原子内的正负电荷数失去平衡了，身上的正负电荷数不能相互抵消，使你成了带电体。正负电荷相互吸引产生的力即是电力，电力促使电子与外界交流，重新达到平衡。你在黑暗中看到的闪光，就是流动的电子——电子跳跃时会释放光子。

下雨之前，乌云挤满天空，气流吹动乌云使云中的颗粒发生碰撞。碰撞使一些颗粒释放出电子，又使一些颗粒得到电子。失掉了电子的颗粒带正电，而得到了多余电子的颗粒带负电。一般来说，云的底端部分会带有负电荷。这是因为质量大的颗粒容易带负电，质量小的颗粒容易带正电，云层下半部分往往会集中质量较大的颗粒，理所当然，那里会带负电了。

由于云层底部带负电，异性相吸，会吸引大量带正电的质子。地表上的电子则不受欢迎，被排斥在外。当有足够的正电荷之后，乌云与地表会产生电流，这就是我们看到的闪电了。

打雷：云中的空气爆炸

天空是如何制造出电闪雷鸣那么大动静的？

不知你注意过没有，打雷与闪电总是同时发生的，要是哪次光看见闪电没听到打雷真是见鬼了。的确如此，如果没有闪电，我们是听不到雷声的。闪电时会释放出巨大的热能，瞬间让温度升高到 10000℃ ~ 30000℃。原本空气中的粒子松松散散，热胀冷缩，如此多的热能让空气粒子一下子膨胀起来，变成了圆滚滚的小胖子。

打个比方，如果往一只口袋里装东西，装很多很多，袋子装满了还要装，最后会怎么样呢——啪！袋子裂掉了。云也是这样。云团的空间是有限的，急速膨胀的空气粒子拥挤其中怎么受得了，就一下子炸开了。

你可能会问：闪电只打一次，为什么雷声会轰隆隆一串呢？闪电一次，云层中的爆炸也只会发生一次。不同温度的空气传导声音的速度不同，雷声穿过不同温度的空气，速度会发生变化，不同速度的雷声混在一起就形成了我们听到的“轰隆隆”一串雷声。

世界上打雷最多的地方是印度尼西亚的茂物，平均一年会打 300 多天的雷，被称为“雷都”。那里的小朋友一定特别勇敢，天天听雷声，雷声对他们来说兴许就像汽车喇叭一样普通吧。

为什么打雷时先看到闪电

“咔嚓！”天空闪过一道大大的闪电。有经验的人一定会马上捂住耳朵——轰隆隆的雷声马上就要来了！那么，有没有先听到雷声、后看到闪电的时候呢？没有。先打闪再打雷，是大自然遵循已久的规律。但为什么呢？难道是因为大多数生物眼睛长在前面，耳朵长在后

面——千万别当真。真正的原因是光和声音的传播速度不同。请你看下面的两个数据：光的传播速度：30万千米 / 秒，声音的传播速度：340米 / 秒。两者的传播速度实在是差得太多了！这简直就像是飞人刘翔和幼儿园的小朋友赛跑。闪电与雷电本是在同一时间发生的，就是因为光比声音跑得快，才让人产生了先闪电后打雷的错觉。

关于声音传播的数据一定要牢牢记住，闪电出现之后，马上看表，记住闪电过后等了几秒钟才打雷。假设闪电过后10秒听到了雷声，就可以用以下算式进行运算：340米 / 秒 ×10秒 =3400米，即是说，雷声是从距离你大约3400米远的地方传来的。这个能让你在朋友面前风光一把的计算方法是不是很简单？下次下雨的时候赶紧试一试吧。另外，你也许已经发现一个秘密，闪电从来不走直线，那是因为在高电压的作用下，一些空气粒子可以导电。空气粒子的导电性高低不一，闪电很聪明地绕开了导电性不好的地方，向导电性好的地方传导。一路看下来，它前进的道路就是弯弯曲曲的了。

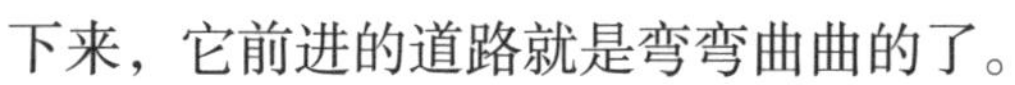

避雷针怎么吃掉雷电

请迅速回答这道选择题。

下雨的时候躲在哪儿更安全？

A. 家里　B. 树下

我知道你一定会选中正确答案的，下雨的时候不能去树下躲雨是生活常识。可是你知道原因吗？原来树含有很多水分，会导电，而且树都长得比较高，容易被闪电选中。被雷电击中的滋味不好受，很少有人被雷击还能生还。建筑物往往是雷击的最大受害者，人辛辛苦苦建造好的高大美丽的房子，“咔嚓”一个闪电，就坏掉了。古代的地球人很为这件事头痛，却毫无办法。幸亏有一个叫富兰克林的人出现了，帮人们解决了这个大麻烦。

我们一起来看看富兰克林的故事：1752年夏的一天，暴风雨即将来临之前，富兰克林放了一只风筝。这只风筝是他精心制作的，连接风筝的不是普通风筝线，而是金属导线，金属线末端拴着一串金属钥匙。

你要注意，这个实验千万不能模仿！富兰克林不但非常非常聪明，还非常非常幸运！你知道一次闪电的威力有多么大，富兰克林的幸运就在于当时被他的风筝捕捉到的是一个特别小的闪电。闪电通过钥匙传导到他手上时，钥匙上迸发出小火花，并且仅仅让他手指发麻。第二年就有一位俄国科学家想模仿这个实验，他像富兰克林一样聪明，却没有富兰克林那样幸运——他被雷电击死了。

富兰克林认为，既然能捕捉雷电，就有可能引导雷电，将雷电导入地下就不会对建筑物造成伤害了。他想出的引导雷电的方法是在容易遭受雷击的高大建筑物上装一根铁棒。这根铁棒又细又长，而且在安装时候很小心，与建筑物用绝缘体完全隔离。铁棒下方连接了一根导线，导线被引入了地下。

之前我们说过，雷电走弯弯曲曲的路来到地面上，是在挑导电性好的地方。富兰克林为闪电预先铺设的道路显然比其他任何一个地方导电性都好。他的实验又成功了，闪电一在建筑物附近出现，就会被铁棒吃掉，而建筑物会安然无恙。他为这根能吞掉闪电的铁棒取名为“避雷针”。

神秘访客：球状闪电

北宋著名科学家沈括在《梦溪笔谈》中，记述了内侍李舜举的家被球状闪电拜访的过程。球状闪电明亮的光焰从李舜举家西侧的房间窗口喷出，一直窜到房檐外面。家人们看到这可怕的景象，全部逃走了。

大家们都很沮丧：“这下房子完了，一定被烧了。”

“阿弥陀佛，不要把别的房子也烧着就好。”过后，李家的人赶紧回去看房子，结果发现安然无恙。就连窜出球状闪电的那间房子也没有发生火灾，唯一能看出雷电造访过的痕迹的，就是变黑了的墙壁和窗户纸。更让人惊讶的还在后面。这个房间里有一只木制橱架，上面摆放了很多瓶瓶罐罐。一些漆器上面装饰有白银，白银都融化了流淌到地上，漆器竟然安然无恙！还有一把宝刀，刀身是用特别坚硬的金属打造的，刀鞘完好无损，抽出刀来一瞧，刀身已经融化了！这真是令人感到惊奇！按照常识，草木材质的东西应该最怕火烧，金属的东西往往不怕高温，但是为什么球状闪电“拜访”过的地方却不是这样呢？这个问题我不会回答，因为，直到今天人类也没有找到答案。说不定，要靠正在看这本书的你来为大家揭开这个秘密呢，加油！

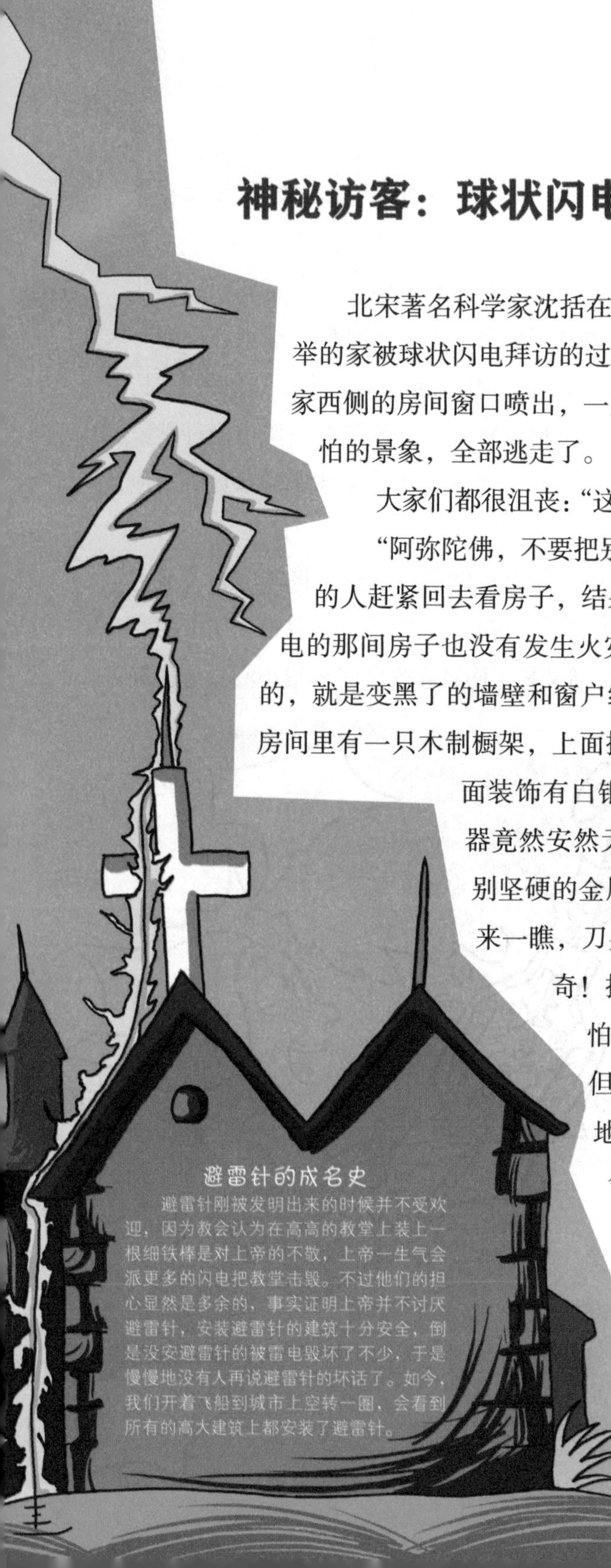

避雷针的成名史

避雷针刚被发明出来的时候并不受欢迎，因为教会认为在高高的教堂上装上一根细铁棒是对上帝的不敬，上帝一生气会派更多的闪电把教堂击毁。不过他们的担心显然是多余的，事实证明上帝并不讨厌避雷针，安装避雷针的建筑十分安全，倒是没安避雷针的被雷电毁坏了不少，于是慢慢地没有人再说避雷针的坏话了。如今，我们开着飞船到城市上空转一圈，会看到所有的高大建筑上都安装了避雷针。

不过，人类对球状闪电也并非一无所知。

球状闪电是一个直径为 20 ~ 100 厘米的光亮圆球，样子就像动画片里的气功弹。球状闪电出现的时间很短，只有几秒钟，最长的也不过一两分钟。很多时候，目击者都是看到一个闪亮的光球在慢吞吞飘动，还有人看到它从天上掉到地上又弹回空中失去踪迹。它会出现在种种意想不到的地方，比如密闭的房间里，甚至有人宣称在飞机上也见到过球状闪电的身影。

球状闪电就像一个任性的小孩，做事情不遵循章法。被建筑物挡住的时候，它有时直接在外墙爆炸，有时却非要穿墙入室，甚至会从缝隙中挤进室内。大多时候，它无声无息地消失，或搞点小恶作剧破坏点东西再走，但真正发起脾气来，却也相当恐怖——据说，“通古斯大爆炸”就有可能是它的杰作，那场爆炸范围波及方圆数百公里，是原子弹威力的一千倍！

为了更清楚地了解它，人类科学家们正在努力从实验室中重现球状闪电，但是到目前为止还没有成功过呢。

风

空气流动了，世界有了风

变重了

知道粮食从哪里来的吗？超市买的？好吧，这也算是一个答案。不过，悄悄告诉你，粮食是风吹来的！风吹动了云彩，云彩相遇形成雨滴，雨滴降落到地上滋润土地，土地得到了滋润才能长出来粮食——怎么样，没错吧。

虽然风有时候会捣乱，吹乱姑娘的发型，吹飞你的练习本，有时候甚至会吹翻渔船吹走房子，但是世界上少了风还真是不行呢。

风是做运动的空气

温柔的春风，萧瑟的秋风，寒冷刺骨的北风。地球上几乎每时每刻都在刮风，为什么会有这么多风呢？因为风其实就是空气，只要空气运动起来，就成了风。哈哈，地球表面哪里能没有空气呢？当然走到哪里都能遇到风啦。

空气为什么不能安静地待着，而会发生运动呢？因为空气有热胀冷缩的性质，吸收了热量的空气会膨胀，变得很轻，向上升。如果空气变冷了就会收缩，变得相对重一些，往地面方向运动。如果一部分空气受热上升，立刻会有一些冷空气流动过来“占位子”，这样就发生了空气流动。

风还与气压有关系。当空气受热跑到高处的时候，这个地方的气压会变低；而当空气受冷下沉到接近地面的地方，气压又会增高。可以说温度的变化导致了气压的变化就有了风。

下面来做一个小实验，我们一起来吹气球，接下来，我们把气球的口放开——“噗”的一下，有风冲出去了！为什么放开气球就会有风涌出呢？当我们给气球吹足气的时候，气球内部就变成了高压，而气球外部是低压。一撒开气球口，空气急急忙忙从高压流向低压，就有风吹出来啦！

龙卷风：陀螺一样的大涡流

在著名的童话故事《绿野仙踪》里，小女孩桃乐丝和她的小狗多多为躲避龙卷风藏进了小木屋，结果龙卷风连小木屋也一起吹走了。桃乐丝非但没有死，还被吹到了一个魔法国度开始了奇妙冒险。童话里的桃乐丝是个幸运的女孩，但在现实生活中她很难生还。

不过童话作者并没有夸大龙卷风的威力，把小木屋吹上天对龙卷风来说是小菜一碟，不仅如此，汽车、大树、牛、羊、庄稼……只要龙卷风过境，这些统统不能幸免。龙卷风经过的地方，都是废墟，它是个真正的冷血杀手。

龙卷风行动起来伴随着雷雨，有时还会有冰雹，风力能达到12级以上。它的样子很可怕，远远看去像一根巨大的旋转的云柱，顶上有巨大的灰色积雨云。龙卷风是一种绕轴心向上的涡流，由于中心气压较低，使得距离地面仅几十米的地方，

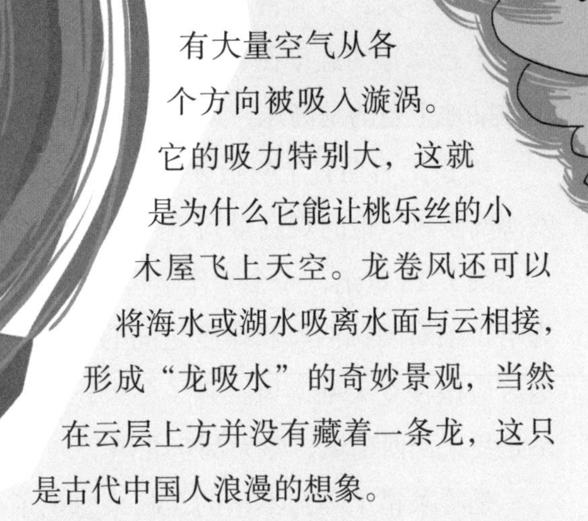

有大量空气从各个方向被吸入漩涡。它的吸力特别大，这就是为什么它能让桃乐丝的小木屋飞上天空。龙卷风还可以将海水或湖水吸离水面与云相接，形成“龙吸水”的奇妙景观，当然在云层上方并没有藏着一条龙，这只是古代中国人浪漫的想象。

既然龙卷风如此可怕，能不能提前预警，让大家做好准备呢？非常遗憾，龙卷风是一种非常小的涡旋系统，发生时间短，空间尺度小，移动速度快，有很大的随机性，因此定时定点预报是非常困难的。气象技术最发达的美国，一般也只能提前 15 分钟到 1 个小时发出警报。

季风：风向不坚定的家伙

夏天的时候，灼热的阳光投射到地球上。陆地吸收了热量温度会升高，海洋也是，不过海洋的热容量大，升温比较缓慢。所以相对来说海面上空比较冷，而陆地上空比较热。海洋上空出现了高压，陆地上空出现了低压，夏季风就从凉爽的洋面向温暖的大陆吹去。

到了冬天，升温慢吞吞的海洋变冷也慢吞吞的，而升温快的陆地变冷也快，于是海洋的温度倒比陆地高了。这次，出现在海洋上空的是低压，而出现在陆地上空的是高压，风从陆地吹向海洋。

17 世纪后期有个叫哈莱的人类科学家，发现海洋和陆地的热力不同会引发海陆季风，他的观点得到了其他科学家的认同。

到了 18 世纪，一个叫作哈得莱的人指出，哈莱的观点并不完全正确。因为哈得莱对阿拉伯海和印度之间的季风进行了观察。按照哈莱的说法，这个地区应该在夏天刮南风，到了冬天正好相反，刮北风。不过哈得莱观察的结果是夏天刮西南风，冬天刮东北风。

是哈莱错了吗？不是的，哈莱忽视了一个问题：地球在自转。气流从南半球运动到北半球，中间要跨越赤道，在这个过程中受到了地转偏向力的影响，南风就变成了西南风。同样道理，北风变成了东北风。

季风影响的范围很大，亚洲东部、南部、非洲中部、美洲等地区都能发现它的踪迹。季风在不同的季节会呈现出不同的性质，夏天的时候它会把温润的海洋水汽带到干燥的内陆，带来丰沛的降雨。冬天它从陆地吹向海洋的时候，没有那么多水汽可携带，就变得干巴巴的了。于是，夏天刮季风的时候表示雨季开始了，冬日的季风则标志旱季的来临。

海陆风：夜来昼去与昼来夜去的风

海陆风，顾名思义，海洋上的风吹向陆地叫海风，陆地上的风吹向海洋叫陆风，海风和陆风合起来就叫海陆风。

散步在夏天的海边，你一定有这样的体会：沙子与海水温度很不一样。白天的时候，刺眼的阳光晒得人汗流浃背，这时候沙子很热，光着脚踩在沙滩上甚至会感到烫，海水则不同，海水凉凉的，海浪亲吻脚背的时候感觉舒服极了。

之所以会发生这种神奇的现象，是因为沙子与海水的比热容不同。比热容是一种表示物质热性质的物理量，唔，这对你来讲可能有点难。简单来说，比热容就是一定量的物质升高一定温度所需要的热量。

沙子的比热容比较小，水的比热容比较大，同时给沙子和水加温，沙子温度升高 4℃，水才会升高 1℃。所以，同样被白晃晃的阳光晒着，沙子很快就变烫了，水还是凉飕飕的。同样的道理，当太阳落山以后，沙子很快就变凉了，而水还会温乎乎的，不会像沙子冷得那么快。就是出于这样的原因，海洋和陆地的温度是不一样的。

海风白天由海洋吹向陆地，陆风夜晚由陆地吹向海洋。这是因为白天陆地的温度比海洋提升要快，陆地上的空气受热多，密度小，向高处运动，成为低压。海洋上方的空气则受热少，密度大，向低处运动，形成高压。空气会

从高压流向低压，所以这时风从海洋吹向陆地，在海边游玩的人们会说：“好清爽的海风呀！”夜幕降临之后，没有了阳光提供热量，陆地的温度很快降下来了，陆地上的空气变冷，密度变大，向地面运动，形成高气压。什么事都比陆地慢半拍的海洋，这时候温度却算比较高了，反过来形成了低气压。空气依旧忠实地按照规则行事：从高压流向低压，如果这时你去海边看星星，就会感到风是从陆地吹向海洋了。

根据同样的原理，还有一种类型的风叫作山谷风，白天，风从山谷吹向山顶，被称为谷风；夜晚，风又从山顶吹向山谷，被称作山风。

聪明的孩子们，请想一想山谷风是怎样形成的吧！

焚风：又干又热的阵风

焚风是一种很热、很干燥的风。它往往会出现在高山地区，吹过的地方都会变得又干又热。虽然焚风又干又热，可是最早导致它形成的气团却是湿乎乎的哩！孩子，我来给你讲一个气团爬山的故事：

有一个气团，它包含了很多很多水汽，它想要爬过一座高山。当它沿着山坡爬升到一定高度的时候，温度下降，水汽开始凝结了。气团先是变成了云，然后开始下雨。下过雨之后，气团继续向高处

爬升，终于翻越了高山向低处运动。由于已经下过雨，气团里的水汽已经变得很少很少了。再加上之前水蒸气凝结时的热量与向下运动时的热量，就形成了又干又热的风。

焚风会出现在世界很多地方，人们给它起了不同的名字，美国落基山脉东侧的居民叫它“钦诺克风”，加利福尼亚州南部的人则叫它“圣安娜风”，到了墨西哥，它的名字变成了“仓裘风”，智利人叫它“帕尔希风”。中国人最浪漫，四川人为它起了一个形象的名字“火风”。虽然得了这么多花名，焚风却并不招人喜欢，主要是这个家伙不爱做好事。

焚风所到之处，轻者水果粮食早熟，重者果树和农作物干枯，严重影响收成。森林经过这高温干燥的风“烘烤”，很容易发生火灾，以阿尔卑斯山为例，阿尔卑斯山北坡历史上发生过好几次大火灾，追究起来几乎都是焚风引起的。焚风不仅会引发火患，还会引起水患。焚风经过高山地区，会造成温度迅速上升，使冰雪融化，引发洪水。此外，风灾也是焚风的拿手好戏，它能吹掀房屋、吹倒树木、甚至吹翻行驶的船只。

不过并不是所有人都讨厌焚风，居住在北美落基山的人

们就很欢迎它到来。因为春日的焚风能让落基山上的积雪融化，为当地提供了宝贵的水，让放牧的草场长满了绿草，人们亲切地称它为“吃雪者”。

台风：一种强烈热带气旋

龙卷风虽然破坏性很强，但毕竟时间短暂，波及范围小，台风则不然，台风影响范围广，持续时间长，所经之处一片狼藉。台风的破坏力很大，不结实的房子、空中架设的线路会被吹坏，树木会被连根拔起，海上的船只也有被掀翻的危险。无论是进行海洋养殖的人还是在海边种植农作物的人都对台风深恶痛绝，一场台风轻易能让他们辛苦半年的劳动成果付之东流。台风一般只会出现在沿海城市，因为产生台风需要的条件只有热带海洋才能满足。台风形成之后如果离开海洋太远，很快就会变得很“虚弱”，“杀气”大减了。

热带海洋是台风的摇篮，因为它有足够的温度和丰富的水汽。炎热会使很多海水变成水汽上升到空气中，与此同时，周围的冷空气会迅速补充，然后也受热上升，循环不断，形成了一个气流循环。辽阔的海面上气流循环越来越大，直径能达到几千米。

地转偏向力使得气流柱发生旋转（北半球为逆时针旋转，南半球是顺时针旋转）。我要专门指出一点：地转偏向力在赤道附近几乎为0，随着纬度的增高而加

风动冤假错案：美国人登上过月球吗？

风曾经制造过冤假错案。1969年，“阿波罗”11号飞船第一次把人类送上了月亮。当美国宇航员登上月球的时候，在月球表面插上了一面美国国旗。月球上没有空气，是不可能有风的，旗子不可能飘动起来。可是人们却在电视上看到，这面美国国旗“在月球上飘扬”。正是因为这个原因，很多人怀疑美国人登月是一场骗局。

时隔多年，美国宇航局的专家站出来解开了事件谜团。原来当时宇航员想把国旗展开的时候，旗子上的纤维缠在了一起，这样给看电视的人们造成了国旗在轻轻飘动的错觉。

据资料显示，当时科学家们买那面旗子只花了5美元，估计是因为旗子质量不好，才会出了这种乌龙事故，差点儿把人类历史上一个大事件变成大阴谋。

大。要想有产生气流柱的地转偏向力，不会是在赤道洋面上，而要离赤道有一些距离。一般来说，至少要有 5 个以上的纬度。

地球自转的速度特别快，气流柱跟不上地球的速度，就给人造成了移动的印象，形成了热带气旋。不过并不是所有热带气旋都叫台风，风力在 12 级（包括 12 级）以上的热带气旋才可以被称作台风。

在不同的地方，台风会有不同的名字。台风是中国人对热带气旋的叫法，欧洲、北美一带的人们叫它飓风，孟加拉湾地区称其为“气旋性风暴”，墨西哥人起的名字很火爆，叫“鞭打”，相比之下还是菲律宾人浪漫，叫“碧瑶风”。

雾

飘浮在地面的云朵

雾天散步，可真是有腾云驾雾的感觉！所以尽管知道雾天运动对身体不好，但我依然忍不住要尝试一番。哇哈，对面是什么？大眼睛的怪物？嘻嘻，别害怕，不过是闪着灯的汽车罢了。话说，为什么在雾天，我们看不太清楚对面的东西呢？

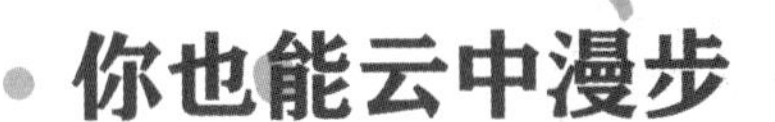

你也能云中漫步

雾，其实就是飘浮在地面的云朵。与云朵一样，雾中也有很多小水滴和尘埃。

在秋天或者冬天的夜晚，如果风比较小，天空中又没有什么云彩，后半夜和黎明就有可能看到雾。因为在这样的天气里，地面温度下降得比较快，水汽因为温度低的缘故凝结成小水滴，这些小水滴悬浮在空气中就形成了雾。

雾有很多种类，最常见的是辐射雾，它是空气因辐射冷却达到饱和形成的，出现辐射雾表示这一天是个大晴天。日出之后，阳光使大气温度升高，辐射雾很快就会消失不见了。

平流雾比辐射雾维持的时间长。当湿热气团经过温度较低的地面时，气团下部降温，其中的水汽凝结成小水滴，形成了雾。当这种气团经过温度较低的海面时也会生成平流雾。

潮湿的气团爬坡时会出现上坡雾。山的温度会随着高度的增加而降低，气团爬得越高，周围的温度就会越低，水汽会慢慢凝结成雾。

温度很低的极地会出现蒸汽雾。形成蒸汽雾需要两个条件：较为温暖的水面和寒冷的大气。温暖的水面使水分蒸发，不过这些可怜的水蒸气刚刚进入到空气中就会遇冷凝结，又变回了水的模样，形成了蒸汽雾。

此外，当冷暖空气相遇的时候还会形成锋面雾。江南梅雨季节能看到锋面雾哦！

烟雾是污染物

烟雾并不是自然产生的雾。烟雾一词最早出现于 1905 年，一个叫沃伊克思的英国人将英文单词中的“煤烟（smoke）”和“雾（fog）”拼在一起，发明出了“烟雾（smog）”。通过这个词的由来可以看到，最早人们观念中的烟雾是煤烟和自然产生的雾气混合在一起的东西。

估计这个词当初会这么狭隘，是因为人类当时的文明还没有制造出花样繁多的污染物来。如今烟雾一词的范围可大了很多，工业排放出的粉尘变成的雾状物、化学物质经光化学反应生成的二次污染物都被归入了烟雾的范畴。

烟雾是污染物，是不折不扣的坏东西。在大气污染严重的地方看到烟雾的机会最多。如果那个地方气温比较高而且不怎么刮风，那么烟雾出现的概率就更高了。

人类很喜欢开设工厂，也很喜欢开汽车。这两种东西都会排放出很多有害气体，有害气体与空气中的小水滴相融合，就会出现烟雾。

汽车尾气中的一些成分，在光线作用下会生成一种对动植物都十分有害的烟雾。更可怕的是，一般的烟雾在太阳升起后会消散，而这种烟雾不会。

烟雾完全是人类自己给自己找的麻烦，要想减少烟雾人类还要从自己身上做文章。煤炭、石油并不是健康环保的燃料，会制造大量烟雾，

应该尽量减少用量。平日里少使用私家车，尽量多乘坐公交车、城铁等公共交通工具，虽然听起来简单，却能有效减少汽车尾气的排放。

重庆为什么会成为雾都

孩子，对于重庆你一定并不陌生，它是中国大名鼎鼎的雾都。重庆此刻雾气重重，能见度非常低，出门很不方便。

重庆市民一年中有100多天都要生活在有雾的天气里，好在不是回回都是大雾。重庆的多雾是由其特殊的

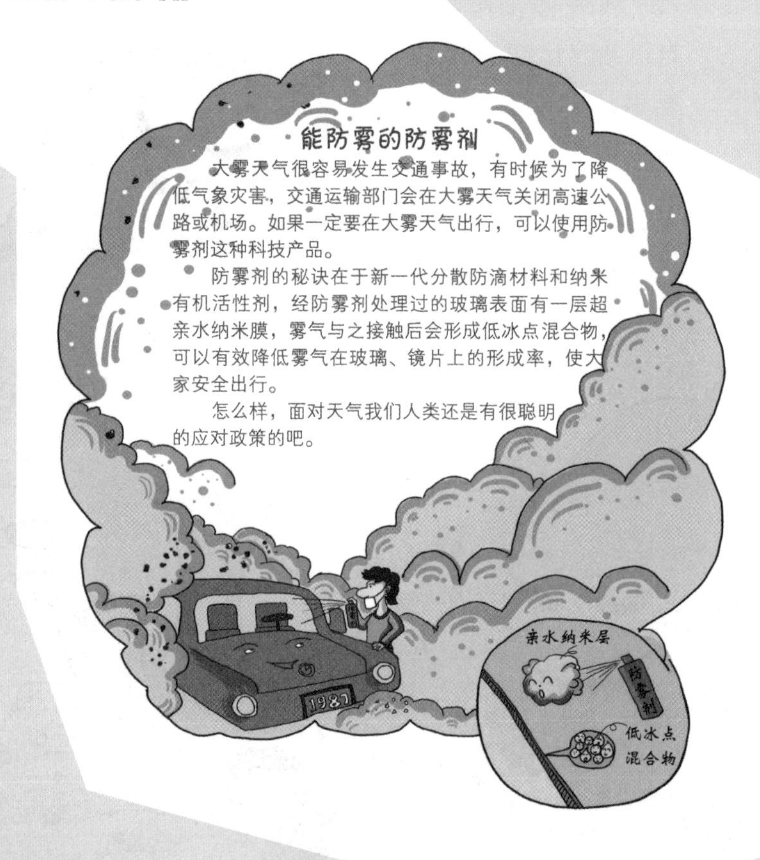

地理环境造成的。长江有一条著名的支流嘉陵江，重庆就在长江与嘉陵江的交汇处，这使得重庆的空气特别湿润，含有很多水蒸气。不过，如果仅仅水蒸气多，留不住，风一吹就吹散了。重庆还有一个特点是地面崎岖、四周有高山环绕，即使有风也不会轻易把水蒸气吹散。

如果白天是晴天，就会积聚下很多热量。当重庆的夜晚降临以后，地面白天保存的热量会散逸开去，温度很快降下来。低温使潮润空气中的水汽凝结小水滴，这些小水滴在靠近地面的地方漂浮，就形成了白雾。

冬天，重庆白天也能看到雾。因为冬季太阳辐射弱，日照时间也短，雾气不能及时散去。不仅如此，太阳落山以后雾会变大。重庆周围有山，夜晚来临后气温变低，山坡上的冷空气由于质量大，会沉落到地面上来，雾就更浓了。

雪

小雨点变身——雪来了

你喜欢下雪天？下雪的天气可真不错啊，小朋友们穿好棉衣、戴好棉帽就可以成群结队出去玩了，即使摔一跤，跌在雪里一点儿也不痛，还能印出来一个人形，我最喜欢下雪了。可惜呀，只有冬天才下雪，夏天那么热，为啥不来场雪凉快一下呢？

雪的真面目

要下雪，首先天空中要有雨云——没错，就是能够下雨的云朵——虽然小雪花和小雨点长得一点儿都不像，但是它们确确实实是同一个东西：水滴。从天空中落下的到底是小雪花还是小雨点，几乎完全取决于地面温度。

地面温度在0℃以下，几乎可以确定飘落的是轻盈的小雪花。如果地面温度在7℃以上，没有悬念，出现在我们面前的一定是晶莹的小雨点。在一些很高很高的山上，即使没有到冬天，也会有雪落下。因为这些地方海拔高，温度很低。

有一种特殊的雪叫雨夹雪，就是从天空中落下的既不全是雪花，也不全是

星盘状雪花

雨点，而是雨和雪的混合物。这是地面温度突然变化造成的。有的时候，地面温度本来很低，是要下雪的，雪花飘落的时候地面温度又突然升高了，有一部分雪花化成了水，于是就出现了既有雪、又有雨的奇怪天气。还有一种情况是地面温度本来较高，是要下雨的，雨落下来的时候地面又突然降温了，就有一些雨点变成雪了。

一般来说，天上掉落的雪花会在地面堆积起来，把大地变得白茫茫的，不过雨夹雪不会，它们一落到地上就化掉了。

六棱柱状雪花

拿起放大镜观察小雪花

世界上没有两片完全相同的雪花。

每到寒冷的冬天，总会有成千上万的雪花从天空飘落，它们看起来都是那么轻盈美丽、洁白无瑕，可是如果把它们放到显微镜下观察，会发现它们每一个都长得不一样。

扇盘状雪花

虽然雪花的样子多得令人吃惊，我们依然能够依据一些明显特征将它们进行分类，就如同根据人的高矮胖瘦把人进行分类一样。

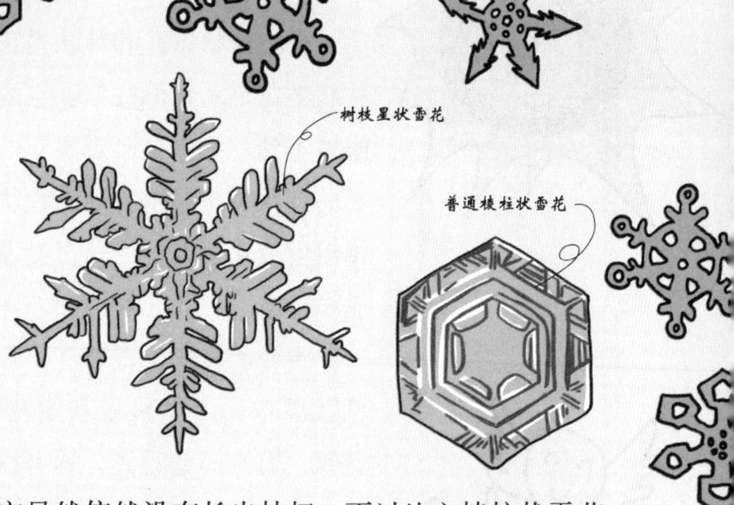

六棱柱状雪花是雪花最基本的样子，相当于一片雪花的“童年”。这个时期的雪花非常小，肉眼几乎看不清晰。不过它还会继续进行发育，长出漂亮的枝杈。六棱柱状雪花长大一些就会变成普通的棱柱状雪花了，它虽然依然没有长出枝杈，不过比六棱柱状雪花已经漂亮许多了。它有很多精细漂亮的纹路，看起来有些像玻璃雕花，让人赏心悦目。

当气温降到 –2℃ ~ –15℃时会发生什么？哦，雪花开始长出“枝杈”了，确切地说是六个漂亮的“大叶片”，它看起来更漂亮了，就像一枚闪亮的六角星，每一个叶片上都长着对称的花纹。它被称作星盘状雪花，大部分雪花都长这个样子。

扇盘状雪花是星盘状雪花中的一种，两者最大的不同是扇盘状雪花的每个“大叶片”都有一根明显的“脊”。

下面，雪花中的明星将要登场了——大受欢迎的树枝星状雪花！树枝星状雪花是雪花里的“大块头”，直径一般为 2 毫米 ~ 4 毫米，不借助仪器就能清晰看到它美丽的花纹，很多人都喜欢它。可能因为在人类世界太出名了，一到过圣诞节的时候人类就会模仿它的样子做出很多装饰物挂在圣诞树上。

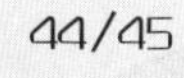

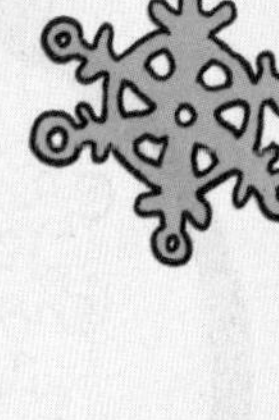

空心柱状雪花和针状雪花看起来完全不像雪花。空心柱状雪花是六角形柱体，它的个子很小，空心更是小得肉眼看不到——你自己观察它的时候，需要使用放大镜。细长的针状雪花是由普通的盘状雪花变成的，这种变化往往由温度变化引发。为什么会发生如此奇妙的变化，目前还是一个谜。

雪花的样子千奇百怪，除了我们看过的几种，还有冠柱状雪花、12条枝杈状雪花、三角晶状雪花、霜晶状雪花等，有兴趣的时候，你可以选个大雪天拿着放大镜在户外慢慢观察，保准你会看到稀奇的新花样。

雪花的样子很多，说到底还是降雪时温度、湿度的不同造成的。科学家已经能在实验室里自己造雪花了，并且能通过控制温度、湿度按照设想造出想要的花样。

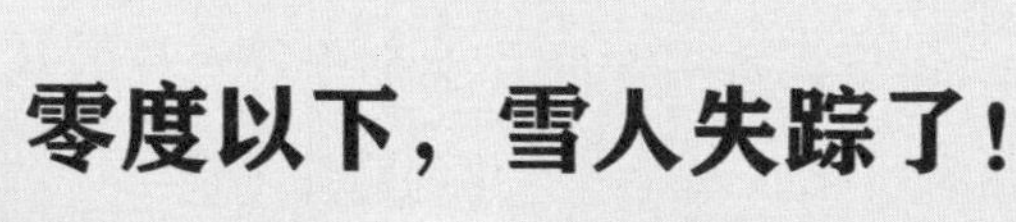

零度以下，雪人失踪了！

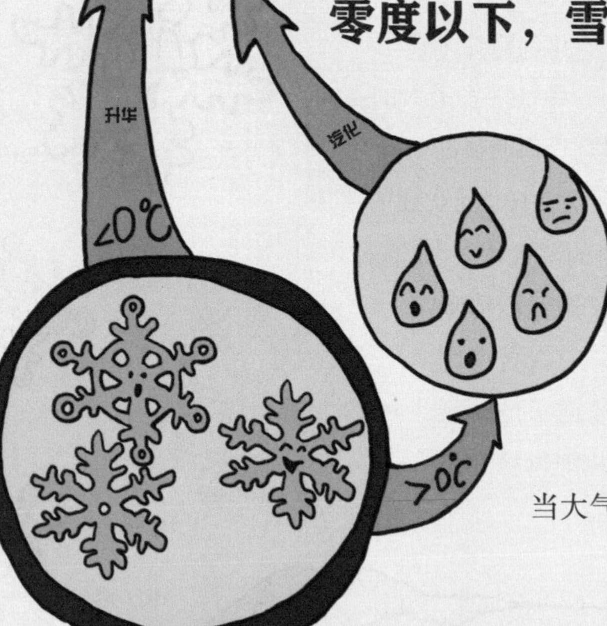

孩子，为什么这么垂头丧气的，你不是和小朋友一起去堆雪人了吗？什么，堆不了雪人，雪捏不成团？哈哈，这是因为刚刚外面下的是干雪啊。

你没听错，雪也是有干湿之分的，这是由温度决定的。当大气温度降到0℃以下的时候，就会下干雪，极冷的温度使雪几乎全部是固态的，没有液态的成分。干雪比湿雪要蓬松、要厚，质量比较轻，没有黏性。干雪落到地上，有风吹来都会被吹散，想用它来团成团、滚成大雪球堆雪人，当然很困难。

形成湿雪的温度不是很低，落下的雪中还存在一些液态水，这样雪花和雪花之间容易粘连，捏一捏就能做出雪球来。不过因为含水比较多，湿雪会比干雪重。在一些地区的大雪天，会发生积雪压塌蔬菜大棚的事情，就是因为大棚顶上堆积的是湿雪，太重了。

你想堆雪人，就要去一个下湿雪的地方。

不过，你不要指望你堆的雪人会一直保存到春暖花开的时候，即便是在寒冷的冬天，在0℃以下，雪也会融化的！雪在温暖的地方会变成水，从固态成为液态。不过，当温度很低的时候，雪的表面会发生升华，从固态直接变成气态。就是说雪表面的分子直接分离出来进入到大气中去了。

为啥高山会成“白头翁”

为什么在炎热的夏天，有的山顶上还都覆盖着冰雪呢？

地球有很多高山，一年四季都被冰雪覆盖，连炎热的非洲也不例外。在赤道附近的坦桑尼亚，就有一座被称为“赤道雪峰”的乞力马扎罗山。乞力马扎罗山非常有名，著名作家海明威就曾把自己的一部作品命名为《乞力马扎罗的雪》。

之所以会出现“赤道雪峰”那样的奇景，是因为高山上温度很低，而没有足够的热量冰雪是不会融化的。不过，也不是所有的高山都是“白头翁”，要想让山顶终年积雪不化，还是要满足一些条件的。首先，那个地方得下雪，仅仅温度低是不够的，降雪是让山顶变白的基本条件。其次，山顶的地形要能堆积住冰雪。

有一点必须指出，山顶的积雪并非完全不融化。阳光照射到山顶之上，其热量总会使一部分冰雪消融。进

入夏天，气温升高，雪也会化掉一些。好在炎热的天气不是没完没了，当冬天再次来临时，新的降雪会补充融化掉的部分，这样山顶无论什么时候看起来都是白颜色的了。

融雪剂是个坏东西

城市里通常会在雪天使用融雪剂来改善交通，融雪剂能让路面上的冰雪在短时间内融化。它虽然方便，却不能多用，因为它的主要成分是醋酸钾和氯盐。融雪剂会与修筑马路的重要材料沥青、水泥发生化学反应，会使路面变得脆弱，经车辆碾压后很容易破损。人类修建公路、桥梁会花很多钱，因为融雪剂的腐蚀、破坏作用，要花比建筑费还要多的维修费。

使用融雪剂后，土地也会被污染。人们习惯把含有融雪剂的积雪堆到马路边的绿化带里，春天来了以后，融雪剂中的盐分就会通过土壤被植物吸收，导致树木和花草死亡。要想继续在这片土地种植物，要换新的土壤才行。

融雪剂还会随着融化的雪水渗入地下，对地下水资源——食用水的来源造成污染。吃了含有融雪剂的水会让人慢性中毒，严重的还会导致死亡。

人类已经发现了融雪剂的危害，开始比较有节制地使用了。还有一些人宣称制造出了环保融雪剂，不过这些所谓环保融雪剂并非绝对环保，对环境依然有害。科学家在融雪剂方面的研究任重而道远。

教你变个魔术吧！

你们终于有幸见到本世纪最伟大的近景魔术师表演了！见证奇迹的时刻到了！——看了这么多废话之后，拿起冰激凌盒看看，盒壁上是不是出现了小水珠啊？想知道我是怎么变上去的吗？

露水和霜

地球植物的保湿喷雾

瞧，露珠现形了

空气中含有水汽，冰激凌盒是冷的，热的空气遇到冰激凌盒后水汽凝结，就会成为一颗一颗小水珠。露水的形成与这个过程十分相似。在晴朗的晚上，地面上的物体，如树木、花草、石块会很快散去热量。空气散热比固体的东西要慢，所以温度相对高一些。空气与温度较低的物体接触时，水蒸气就会凝结在它们表面成为露水。

如果恰巧这天夜里有风，第二天看到的露水就会比平时要大。因为水汽凝结成露珠后，这部分空气会变得干燥，风把干燥的空气吹走，会立刻有湿润的空气补充过来，露珠就变得更大、更漂亮了。

不要小看露水，虽然它们看起来很小，对植物生长却有重要意义。白天天气热，植物进行光合作用会消耗掉很多水分，有枯萎的现象发生——当然是程度比较轻的那种。夜晚的时候，露水就如同妈妈用的保湿面膜一般，让植物一下子恢复了生机。

看到露水就表示好天气

浑圆晶亮的露水除了样子好看、能为植物补水，还能预报天气呢！渔民出航之前会先看木船，如果船身上有露水，就表示会遇上晴天。这听起来神奇，其中蕴含的道理却并不复杂：露水虽然在地面生成，却与天上的云朵有关。地表物体会凝结露水，是因为温度够低，它们散热的速度比周围环境吸热速度要快，这就对天上的云朵提出了要求。要想达到这个条件，天空中往往没有云朵出现。

这与地面与大气之间的热交换有关。地面上物体散逸的热量会以热辐射的方式散发到天空，如果天空中有云，热量就会被云辐射回地面，即是说，物体已经不要的热量又被送回来了，它只好又把这些热量收回去。虽然这些“回收”的热量并不多，但是已经足够使物体表面无法凝结露珠了。而且有云就有可能下雨，这样一来“没有露水会下雨”的概率就更高了。不过这种方式仅限于估算未来 12 小时的天气，要是想知道得更多，这个小窍门就不管用了。

出于谨慎，我建议你最好不要用这个方法去跟你的伙伴吹牛，因为通过露水判断天气并不保险。云飘得越高，与地面距离越远，对地面温度的影响就越小。如果空气比较干燥、温度又低，也不会结出露水。

而且夏天的时候，雷阵雨很多。雷阵雨形成时间短，来无影去无踪，一个小时就能制造一场降雨。夏天的露水很可能有另一层含义：空气中水汽特别多，即将有降雨发生。

呀，露水变成霜了

霜与露水之间的关系，同雨和雪之间的关系差不多——它们本质上是同一种东西。气温决定出现在草叶上的究竟是霜还

是露水。水会在0℃的时候结冰，出于这个原因，当气温在0℃以下时出现的是霜，在0℃以上时出现的就会是露水。

夜半时分，气温很低，水蒸气附着到地表的植物或者其他物体之上，就会变成固体，成为雪白的霜层。不过水蒸气并不是每次都直接变成霜的，如果当时气温比较高，它会先凝结成露水，随着气温的降低才会变成霜。

如果哪个清晨你看到了霜，说明这一天会风和日丽。霜之所以会形成，是因为地表温度降低得很快。如果是大风天，地表空气流动很快，地面温度和空气温度都差不多，温差太小，不容易结霜。假如这天阴云密布，在天空云层的影响下地表散热比较慢，降温速度也慢，也不容易有霜凝结。

冬天去田野里或者去爬山，能看到地里钻出一些薄薄的冰柱，这些东西叫霜柱。霜柱虽然也出现在地面上，可它并不是霜。

霜是由空气中的水汽变成的，而霜柱是由土壤中的水汽变成的。白天的日照让土壤暖乎乎的，夜晚的时候地面温度降到0℃以下，土壤温度相对较高，土壤中的水就变成了水蒸气来到地面。地面的寒冷温度把这些水蒸气凝结成冰，就成为了冰柱。

“黄豆大的冰雹往地上砸，溅起很多尘土。冰雹越下越大、越下越多，把村部的院子都铺满了。冰雹下了有二三十分钟，一天了都没有化完……”

“冰雹最大的有鸡蛋大小，个头小的像核桃、黄豆，下了二十多分钟，地面上一片白……”

“玉米被打得像稻谷一样，一缕缕垂下来，豆角被打得只剩豆秆，西红柿光剩下秆，桐树、洋槐树树叶被打落得像秋天一样。”

这是 2011 年 7 月 17 日中国著名的苹果之乡河南省灵宝市寺河乡的村民关于一次冰雹的描述，怎么样，够惨烈吧！

下冰雹赶紧躲起来

冰雹是一种球形或圆锥形的冰块，属于固态降水物。一般冰雹的半径为2.5 ~ 25毫米，大冰雹半径能达到5厘米，哦不，我可不建议你在下大冰雹的时候出去看热闹，一个半径5厘米的疙瘩打到头上的滋味可不好受。

冰雹虽然“杀伤力”十足，不过它和温柔的雨点、雪花却是同一种东西。说起冰雹的来源，先要说一说积雨云。积雨云又叫对流云，对流十分旺盛，有很强的上升气流。普通的雷雨云虽然也有较强的上升气流，但是跟积雨云比起来还是差远了。世界上有个“冰雹之都”，在美国怀俄明州的东南部地区。怀俄明州东南部会向这一地区输送冷空气，北方山区则会送来干燥的气流，二者相遇形成的积雨云带来了强烈的冰雹天气。

有了积雨云这个良好的生长温床，还需要一颗种子——雹胚。雹胚是冰雹中央的特殊的生长中心，非常非常小，冰雹就是围绕它发育而成的。雹胚有两种，一种叫霰胚，一种叫冻滴胚。雹胚在对流云内上下运动，逐渐变大成为冰雹。

要支撑冰雹在空中运动需要很强的气流，这种强势气流往往不会大面积存在。一般下冰雹的范围都不会很大，长度为20 ~ 30千米，宽度也不过几千米，有些只有几米。中国民间有种说法“雹打一条线”，还真是生动。

冰雹有多个特征，降雹地区小只是其中一个。历时短是冰雹的另一个特点，很少听说冰雹下啊下啊下个不停，一般下冰雹的时间只能维持2 ~ 10分钟。

冰雹不像雨雪，每年来拜访的次数有个大概规律，它就像个任性的孩子，想来就来，想走就走。有些地方可能一年中下了好几次冰雹，搞得人心惶惶，第二年大家都提着心，冰雹却不来了。

冰雹虽然是天上来的客人，却受地面因素影响较大，平坦的地区不容易下冰雹，地形复杂的地区下冰雹的概率要高很多。而且冰雹并不是中国的特产哦，它发生的区域很广，从亚热带到温带都能找到冰雹的踪迹。

虽然冰雹看起来大小不一、样子复杂，人类科学家还是依照结构、软硬程度将它们分成了四种：霰、冰丸、软雹、冰雹。其中冰雹质地坚硬，落到地上能弹起来，它的直径也最大，平均直径在5毫米以上。冰雹之所以质地结实，因为它是由透明和不透明的冰层交替包裹出来的，危害性比霰、冰丸和软雹都要大。

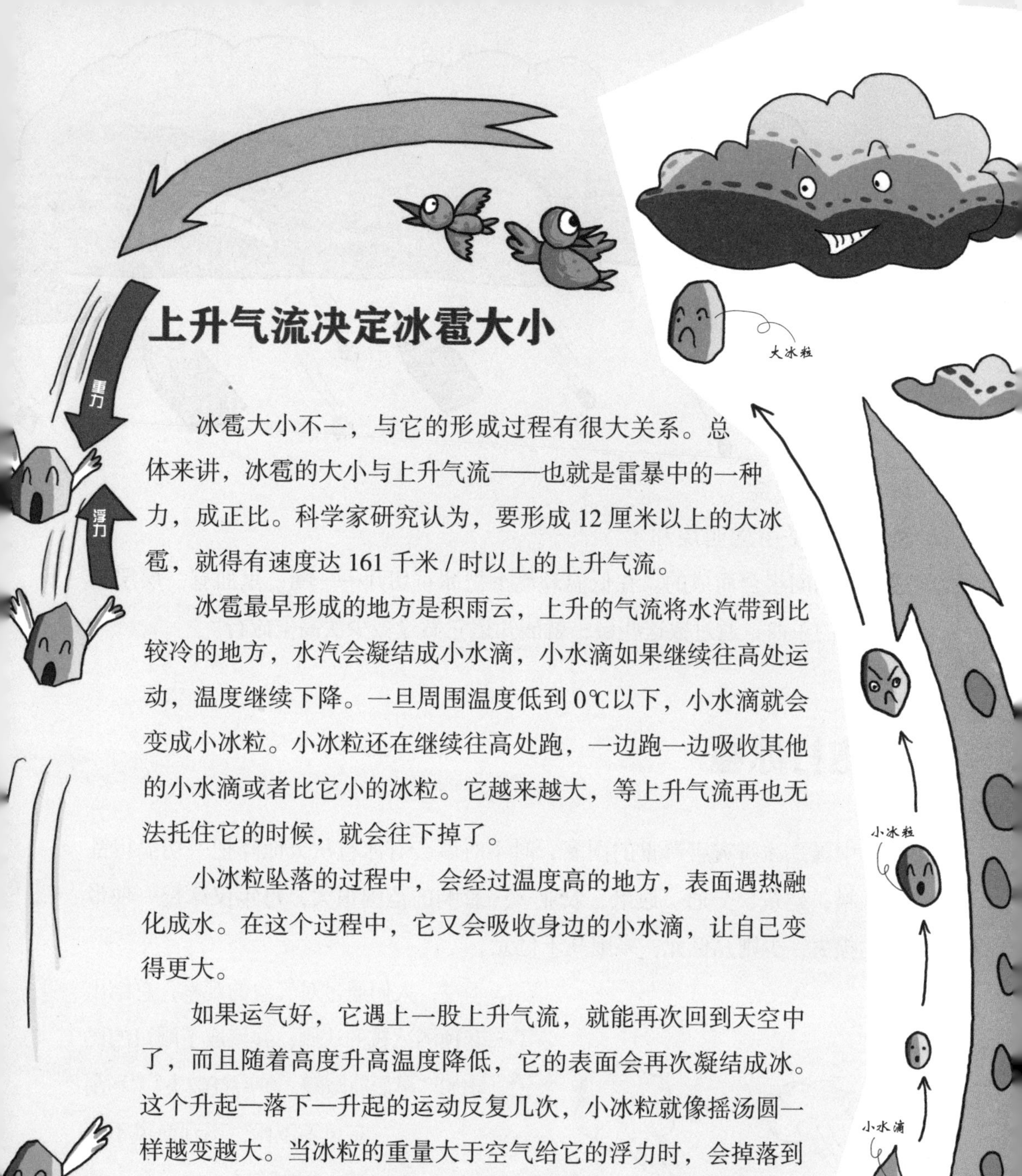

上升气流决定冰雹大小

冰雹大小不一，与它的形成过程有很大关系。总体来讲，冰雹的大小与上升气流——也就是雷暴中的一种力，成正比。科学家研究认为，要形成12厘米以上的大冰雹，就得有速度达161千米/时以上的上升气流。

冰雹最早形成的地方是积雨云，上升的气流将水汽带到比较冷的地方，水汽会凝结成小水滴，小水滴如果继续往高处运动，温度继续下降。一旦周围温度低到0℃以下，小水滴就会变成小冰粒。小冰粒还在继续往高处跑，一边跑一边吸收其他的小水滴或者比它小的冰粒。它越来越大，等上升气流再也无法托住它的时候，就会往下掉了。

小冰粒坠落的过程中，会经过温度高的地方，表面遇热融化成水。在这个过程中，它又会吸收身边的小水滴，让自己变得更大。

如果运气好，它遇上一股上升气流，就能再次回到天空中了，而且随着高度升高温度降低，它的表面会再次凝结成冰。这个升起—落下—升起的运动反复几次，小冰粒就像摇汤圆一样越变越大。当冰粒的重量大于空气给它的浮力时，会掉落到大地上。要是落到地面上之前它没有融化成水，依然保持着冰的样子，就成了冰雹。

由于冰雹的表面是一层一层冻结起来的，

所以它并非完全透明，是由透明层和不透明层相间组合而成的。在低温环境下把冰雹切开——嘿，里面有一层层年轮一样的东西，通过数这些层，就能知道它做过多少次高空旅行。

开炮打冰雹

中国是冰雹灾害严重的国家，时不时就会有冰雹从天而降把一切搞得乱七八糟，建筑、交通、通讯、农业……影响的范围很大，每年仅冰雹一项带来的损失，少则几亿元，多则几十亿元。

不过，人们通过对气象的观察，总结出了一套预测冰雹的法则，并编成了顺口的民谚，比如“早晨凉飕飕，午后打破头”“不刮东风不下雨，不刮南风不降雹”“黑云尾、黄云头，冰雹打死羊和牛”，听起来简单，却都是有科学依据的。

不过，冰雹从天而降，像密集的石头弹对地面攻击，仅仅靠防卫很难从根源解决问题，最终损失还是很大。科学家经过一番努力，发明了人工防雹。

有些地区选择用爆破法防雹。爆破法的方法比较“暴力”，用高射炮、火箭甚至土炮瞄准云层中下部集中发炮。这种方法的科学道理众说纷纭，有人认为是爆炸能让更多的水汽凝结成小水滴，不至于让水汽被已经成形的冰雹吸收，影响冰雹变大。还有人认为爆炸会影响到积雨云中的气流，阻碍冰雹的形成。

另一种防雹法是向云朵中播撒成冰催化剂。发明这种方法的科学家认为，积雨云中有很多很多水汽，不过雹胚却不多，少量的雹胚与大量的水汽结合在一起——哎呀，会产生大颗的冰雹！往云层中撒入成冰催化剂后，会有很多人工雹胚生成，它们会和自然生成的雹胚争夺水汽，这样大家都无法变成大冰雹，也就不会引发自然灾害了。

因为冰雹来无影去无踪，很难盯住它们做专门研究，因此科学家们进行实战的概率并不高，影响了防雹效果。20 世纪 50 年代，法国、意大利都进行了人工防雹的尝试，可惜收效不大。进入 20 世纪 60 年代，更多的国家加入了防雹的研究队伍，不过效果却大相径庭，有的地方说有效，有的地方说没效，看来防雹是个运气活。

1. 云主要有三种形态：____。

① 积云、层云、纤卷云　　② 白色云、鱼鳞云、日晕云
③ 积云、浓积云、积雨云　　④ 层云、层积云、雨层云

2. 热带雨林遇上雨的机会最大，每天下午下大雨的概率为 ____。

① 70%　② 80%　③ 90%　④ 99%

3. 闪电传播的路线是：____。

① 直线形　② 曲线形　③ 圆形　④ 弯弯曲曲

4. 空气从 ____ 流向 ____。

① 高处 地处　② 高温处 低温处　③ 高压处 低压处　④ 低压处 高压处

5. 像陀螺一样形成大漩涡的是：____。

① 季风　② 龙卷风　③ 台风　④ 海陆风

6. 雾有很多种，最常见的雾是：____。

① 上坡雾　② 辐射雾　③ 锋面雾　④ 平流雾

7. 当大气温度降到 0℃以下的时候，就会下 ____。

① 大雪　② 小雪　③ 湿雪　④ 干雪

8. 空气与温度较低的物体接触时，水蒸气就会 ____ 在它们表面成为露水。

① 液化　② 凝结　③ 升华　④ 气化

9. 霜柱是由 ____ 中的水汽变成的。

① 土壤　② 空气　③ 海洋　④ 植物

10. 有了积雨云这个良好的生长温床，冰雹还需要 ____。

① 种子　② 灰尘　③ 胚胎　④ 雹胚

答案：1.①　2.④　3.④　4.③　5.②　6.②　7.④　8.②　9.①　10.④

最闷最闷的天气知识，
要出水了

气候

认识天气的陈年老习惯

“怎么好多城市都成‘海’了？”

“是呀，前不久说天津也成‘水上乐园’了！”

“台风‘海葵’登陆上海，那边好多公司都放假啦！”

天气和每个地球人的生活都息息相关呢！可什么是天气，什么又是气候呢？它们之间有什么关系？

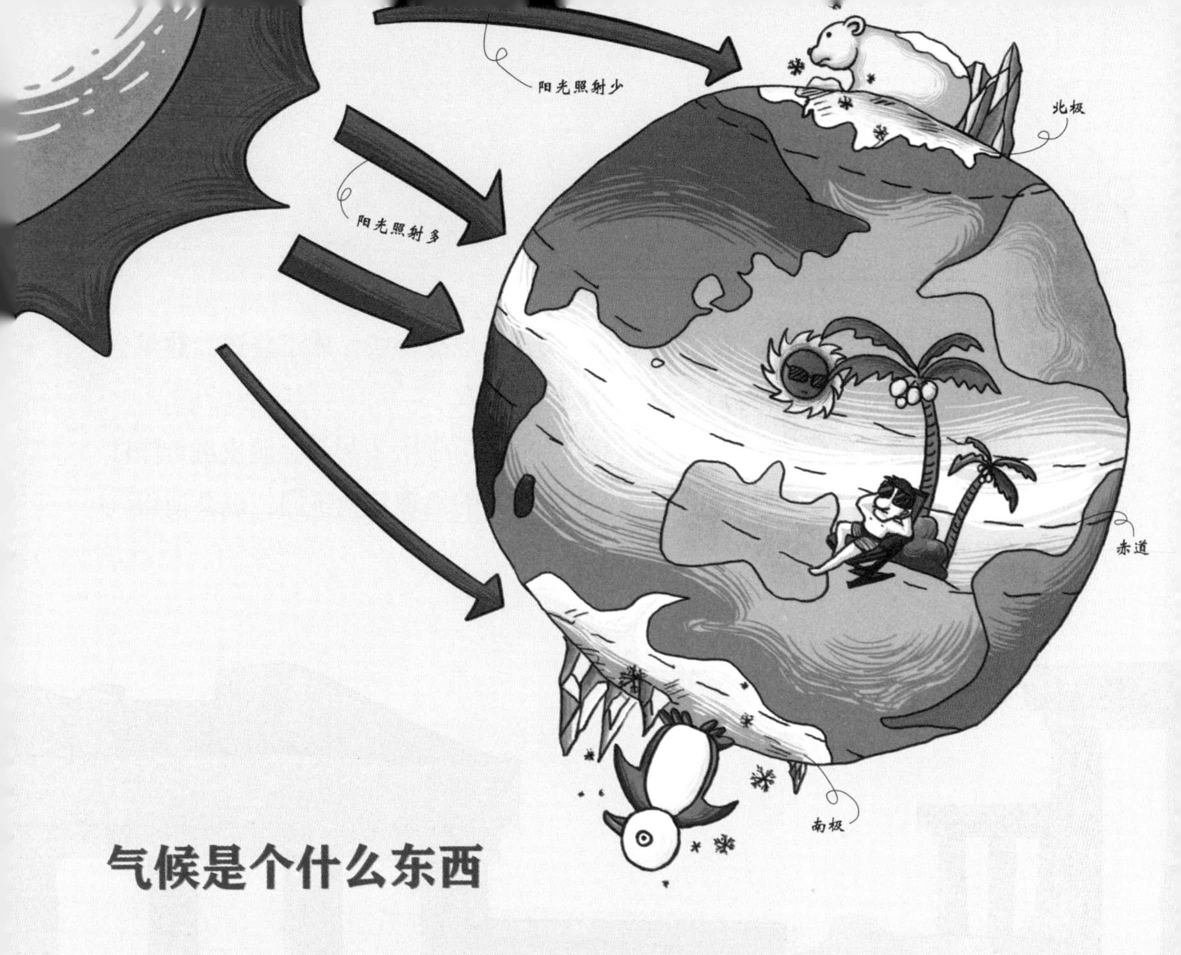

气候是个什么东西

所谓气候，是一个地方持续 30 年的稳定气象状况。

说通俗一点儿，气候就是天气的陈年老习惯。而天气这些老习惯的形成，又与热量的变化有关。辐射、大气环流与地理环境都会让热量变化。

地球是个大圆球，当太阳把光热射向它的时候，不同纬度收到的热量是不同的。“球”的两端受到的阳光照射少，得到的热量少，气候偏冷；“球”的中间部分受到的阳光照射多，得到的热量就多，气候就偏暖。

地球上有赤道低气压带、副热带高气压带、极地高压带等气压带，加上地转偏向力的作用，形成了各种风带。这些风带着热量到达不同的地方，也会对气候造成影响。

地球上除了海洋就是陆地，海洋和陆地的分布对气候的影响不容小觑。海洋里全是水，吸热、放热都慢；陆地是固体，热得快，冷得也快。夏天的

时候，因为陆地热得快，成了热源；冬天，陆地冷得快，成了冷源。热量会从热的地方传输到冷的地方，天气就发生变化了。

地球就像一个荷尔蒙分泌旺盛、满脸青春痘的 18 岁男孩，脸皮坑坑洼洼的，有高山、海洋、湖泊、山谷……这些地方的地理环境不同，也会使得气候产生差异。

给气候分类

如果你想张口蹦出一长串专业的气候名字而且听起来很酷，那么好好看下面的内容吧。

13，首先你要记住这个数字——地球上的气候分为 13 种。

古希腊的学者将全球气候划分为热带、温带和寒带 3 种。之后的科学家们认为这种划分太笼统，经过一番细致研究，他们认为地球应该有 13 种气候，其实依然是以古希腊人的气候划分为基础的。

热带雨林气候又叫赤道雨林气候，顾名思义，这种气候主要分布在赤道地区。著名的亚马孙平原、非洲刚果盆地都属于该气候。雨水充沛是热带雨林气候的显著特征，那里是探险家的乐园——食人花、鳄鱼、毒蜘蛛、巨蟒、湍急的河流……不少人前去探险却一去不回。只有当地的土著人知道如何适应那里忽晴忽雨的天气，从丰富的水果和颜色鲜艳的蘑菇中找出不那么要人命的食物来吃。

热带季风气候位于热带地区，一般分布于南北纬 10° 到南北回归线之间的大陆东岸。受该气候影响的地区气温都比较高，全年分为干湿两季。会发生这种情况，是因为赤道气团与热带大陆气团会争夺天气“控制权”。赤道气

团取得控制权，会带来充沛的降水，标志夏季的来临；若是热带大陆气团取得控制权，降水会变得稀少，意味着冬日的来临。中国的海南岛、雷州半岛以及台湾岛的南部都属于热带季风气候。

热带草原气候所处的纬度与热带季风气候相似，澳大利亚、巴西、非洲中部都有大部分地区受这种气候影响。热带草原气候气温很高，全年平均气温能达到 25℃，这里的年降水量只有受热带季风气候影响地区的一半。因为又热又干的缘故，受热带草原气候影响的地区不适合生长雨林，只能长出稀疏的树木和茂密的草。

热带沙漠气候又叫热带干旱气候，干热程度与热带草原气候比有过之而无不及，除了仙人掌恐怕没什么生物会喜欢它。著名的撒哈拉大沙漠几乎占据了整个非洲北部，是热带沙漠气候的代言人。热带沙漠气候地区几乎全年都受热带大陆气团控制，酷热、干燥、少雨。

接下来介绍的气候要让人愉快很多：亚热带季风气候。亚热带大陆东岸多为这种气候，中国秦岭—

淮河以南地区就是一个典型代表。在受亚热带季风气候影响的国家，土地上生长的大多是漂亮的常绿阔叶树。亚热带季风气候冬季低温少雨，夏季高温多雨，且四季分明。生活在那里的人们衣橱里有春天穿的长裤，夏天穿的短裤，秋天穿的绒衣和冬天穿的棉服，比起生活在沙漠中的人们可真是幸运。

地中海气候在亚热带、温带都有分布，顾名思义，以地中海沿岸分布最广。地中海气候最大的特点是雨热不同期。该气候影响下的地区夏天天气炎热，却不下雨，雨水都存留到了冬天。那些地方的冬天气候温和、雨水连连，非常迷人。河流在冬季都会涨满雨水。

温带季风气候是你所在的国家北部地区所属的气候。极地大陆气团与热带海洋气团分别在冬、夏两季掌控天气。这使得冬天干且冷，所以你妈妈会在冬天把你包裹得严严实实。降雨基本集中在夏季，气候潮润温度高，春天发芽的植物会在夏天茂密生长，这使得城市的街道绿荫遮蔽，看起来与灰蒙蒙的冬天完全不同。

如何知道古代的气候

通过史料能够查阅到很久以前的天气状况。可是，史料并非面面俱到，如果有些地区没有史料记载怎么办呢？在科学家眼中，年轮有着更大的意义。树木的每一个年轮都是不一样的，随着气候的变化，年轮的细胞会有所不同。春天和夏天树木生长得很快，木质松软，细胞较大，年轮相应较大。天气较为寒冷的秋冬两季，年轮比较小。如果气候温暖湿润，树木生长得迅速，年轮就比较宽；相反，如果气候恶劣，树木生长得缓慢，年轮就会比较窄。虽然树木能活很久，几百岁甚至上千岁，但是地球的历史很漫长，怎样知道更久远之前的气候呢？我们可以去求问地底的化石。人类科学家们用一种叫作“放射性碳年代测定法”对挖掘出来的树化石进行测定，能测定树木死亡的时间。有了死亡时间，再结合树化石的年轮，就能推测出当时的气候状况。

大陆西岸盛行温带海洋性气候，西欧、北美都受其影响。西风是个勤劳的小伙子，常年坚持把海洋气流吹到大陆上去，这使得大陆上全年常湿，冬暖夏凉——最冷月份平均气温高于0℃，最热的月份温度也不会高于22℃。如果你既不想开空调也不想开暖气甚至不想使用加湿器，那么搬到西欧去居住是个不错的选择。

在距离海洋较为遥远的亚欧大陆与北美大陆内陆，是温带大陆性气候的管辖区。这些地区远离海洋，有很多高山，高山会形成屏障阻碍水循环，使得降水稀少。珍贵的降水主要集中在夏季，可惜夏季短暂，漫长寒冷的冬日在大陆上盘桓不去，草原荒漠一幅萧瑟景象。

亚欧大陆与北美大陆的北部纬度更高，气候也更为恶劣，属于亚寒带大陆性气候。亚寒带大陆性气候影响下的冬季更为漫长也更为严寒，夏日的温暖与降水如黄金般宝贵。虽然降水并不丰沛，但这些地区蒸发较弱，气候依然湿润，是针叶林生长的好地方。

沿着亚欧大陆和北美大陆再往北走，寒意越来越浓，冰洋气团和极地大陆气团让这个世界常年笼罩在寒意之中，即使最热的月份也不过1℃~5℃。如此严苛的自然环境，只有苔藓、地衣类的植物可以适应，也正是因为如此，科学家们命名这类气候为“极地苔原气候”。

极地苔原气候是最最恶劣的气候吗？不，还有更糟糕的。南极大陆和格陵兰岛内部一年四季被冰雪覆盖，0℃以上的日子都未曾出现过。暴风雪肆虐的广袤土地，苔藓都无力立足，植物几乎完全放弃了那种土地。科学家们用“极地冰原”来命名这个让南极变成大冰箱的坏气候。

我们终于迎来了本节最后一个知识点高山高原气候。如果你再长大一点儿，再长高一点儿，唔，还需要再健壮一些，就能参加爬山运动了——其实我想说的是，如果你亲自去攀登一座真正的高山，马上就能知道什么是高山高原气候了。这种气候很有趣，气温随着高度的增加而降低。在不同高度范围内，会有不同的降水量和湿度，而且随着高度的增加，植被也会有变化。中国的青藏高原、南美洲的安第斯山都是高山高原气候。

大气

拥抱地球的空气

地球实在太美了，就像一颗蓝的水汪汪的水晶球，大家看过大海吧，大海是深蓝色的，地球上 70% 是大海，大海的外面呢，是一层厚厚的大气，这层大气紧紧拥抱着地球，透过大气看到的大海的颜色，就是地球蓝。

今天我们要学习的是地球的外衣，大气。

大气：地球的外皮

孩子，要不要来一瓣柚子？剥掉的柚子皮别扔掉，借助它，你就可以了解大气了。如果用这颗柚子来比喻地球，地球就像柚子瓤，大气就是那层软绵绵、香喷喷的厚皮。不过，地球的外皮可不能用手剥开，即使我们

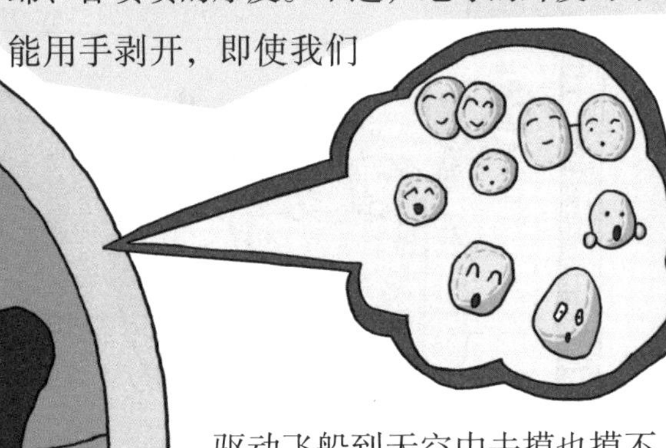

驱动飞船到天空中去摸也摸不到，因为那是很厚很厚的一层气体。

大气并不是单一的气体，是由很多物质混杂而成的：氮、氧、氩、二氧化碳、一氧化二氮、水汽、一氧化碳、二氧化硫、臭氧、尘埃、烟粒、盐粒、水滴、冰晶、花粉、孢子、细菌……看起来很复杂吧？你只要挑最重要的记住就好：氮、氧、氩、二氧化碳四种气体就占了大气的 99.99%。氮尤其多，比例高达 78%，氧也很多，约有 21%。

柚子皮很厚，我们用这把尺子量一量——哇，有 2 厘米多呢。地球的外皮有多厚呢？没有具体数据。

大气之所以能成为地球的外皮，是因为有地球引力。地球引力把气体集中在距离地球 100 千米的地方，这个地方可以视作大气层的下限。不过，大气层是没有上限的，随着大气层离地球越来越远，它变得越来越稀薄，最终与宇宙融为一体。

气团：比大山还大的空气团

什么是气团？气团就是很大、很大、很大的一团空气。这不是一种应付事的讲法，气团真的很大，如果把它比喻成一个壮汉，“身高”能达到十几千米，“腰围”能达到几千米！要形成这么大的空气团，可不是件容易事。

大大的气团是由无数小气团组成的，如同召集士兵组织军队一般，需要很多时间。而且气团的形成对气候的要求比较高，气温过高或过低、湿度太大的地方都不容易生成气团。因为气候特征过于明显，性质相似的“小气团士兵”不多，难以组成“气团大军”。

此外，海陆交界处也不容易生成气团。那

些地方经常会吹一种叫海陆风的大风，好不容易聚集起来的小气团士兵们很容易就被风吹散了，最终集结成气团军队的概率很小。

气团虽然是一大团空气，可并非仅是一团空气那么简单，根据性质不同可以划分为很多种类。目前地球上通用的气团分类方法有三种：

分类方法	气团名称
按气团发源地划分	赤道气团、热带气团、极地气团、冰洋气团
按气团热力性质划分	暖气团、冷气团
按气团温度特征划分	干气团、湿气团

讲到气团，你一定要知道什么是变性气团。变性气团与气团的性别无关——咳咳，我知道我又讲了一个烂笑话——所谓的变性是指气团的性质改变。气团是会移动的，当一个气团移动到北方气温较低的地区时，温度会提升；如果它移动到南方温度较高的地区，温度又会降低。它在移动过程中性质发生了变化，即是所谓的“变性”。气团形成的地方被称为源地，气团身体庞大笨重，但它们喜欢运动。离开源地到新的地区，沿途要经过很多气候不同的区域，性质发生变化是常见的事情，所以变性气团并不稀罕。

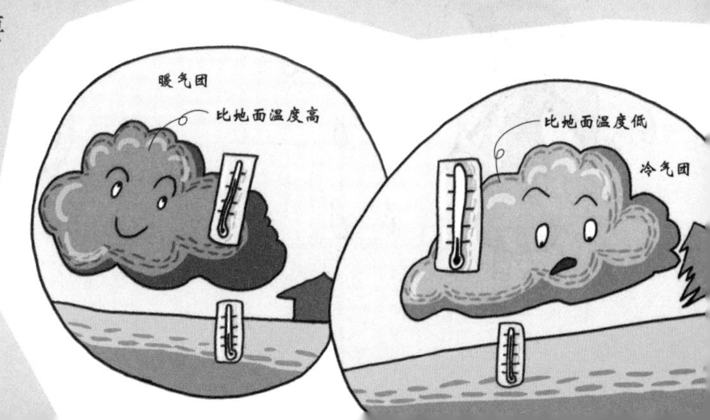

锋：两个气团的战斗第一线

广阔的天空中不会只有一个气团，如果它们遇到性质与自己相近的气团，就会“胜利会师”，合并成为更大的气团继续前行。不过，如果遇到的气团与自身性质不一样，一场大战在所难免——当两个性质不同的气团相遇时，短兵相接的地方就是“锋”。

什么叫“性质不同”的气团呢？就是湿度和温度等物理性质都不相同的气团，说简单些，就是一个冷气团与一个暖气团。当这两种气团相遇后，会出现一个交界面，这个面被称为“锋面”。锋面与地面也会形成一个相交线，

被称为“锋线”。不过，一般来说人们不会分得那么细致，会把锋面和锋线统称为“锋”。

下面我们做一个简单的实验。这只空杯子里放的是热水，加进冷水之后会怎样？喝下去感受一下，是不是接近杯底的部分比较凉，上面的水温度相对较高？这是因为冷水的密度较大，沉到杯子下方去了。

大气也是如此，冷气团密度大，暖气团密度小，冷气团会下沉，暖气团则会抬升。两个气团相遇，如果冷气团的力量大，就会推走暖气团，形成冷锋；反之，暖气团力量大，驱赶走了冷气团，会形成暖锋。

还有一种情况，冷气团与暖气团势均力敌，谁也赶不走谁，会形成准静止锋。不过，这里的静止，是一种相对静止而非绝对静止。冷气团和暖气团一直在争斗，有时冷气团占上风，有时暖气团占上风，只是实力相差不大，难以决出胜负罢了。

提拉米苏大气层

提拉米苏是一种起源于意大利的糕点，一层浸透了朗姆酒的手指饼、一层马斯卡彭芝士糊、一层戚风蛋糕、一层鲜奶油……层层叠叠是这种美味的

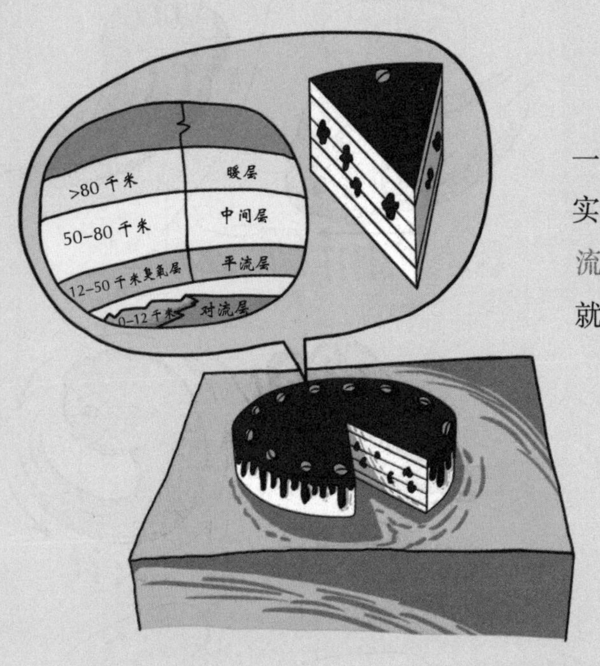

一大特点。大气看似是一个整体，其实也是分层的。大气分为对流层、平流层、高层大气，简单来说，大气就像一块分为三大层的提拉米苏。

提拉米苏的层次是点心师傅一手调制出来的，大气是空气，它的层次又是如何而来呢？这得从大气的成分说起。通过前面的学习你已经知道，大气是一种混合物质：在高空的大气中，氮、氧、氩三种成分占了很大份额，且比例几乎不变；超出了这一范围的大气，主要由水汽、二氧化碳、臭氧三种物质组成，其构成比例会发生变动。

我们先从大气层的最下层对流层说起。对流层紧贴地面，受地面影响很大。太阳辐射使地面热量增加，这热量传入空气，地面空气会因受热上升，而上部的冷空气会下沉，发生对流运动，对流层因此得名。

对流层顶向上至50千米是平流层，顾名思义，平流层气流运动较为平缓。平流层空气多为水平运动，大气的透明度也比较好，比较适合人类简陋的飞行器飞行，所以飞机都会在这一层飞来飞去。

高层大气可以继续细分出中间层和电离层。

中间层是平流层顶向上至80千米的区域。中间层最大的特点是温度极低，温度能低到 –83 ~ –113℃，这是因为中间层臭氧含量

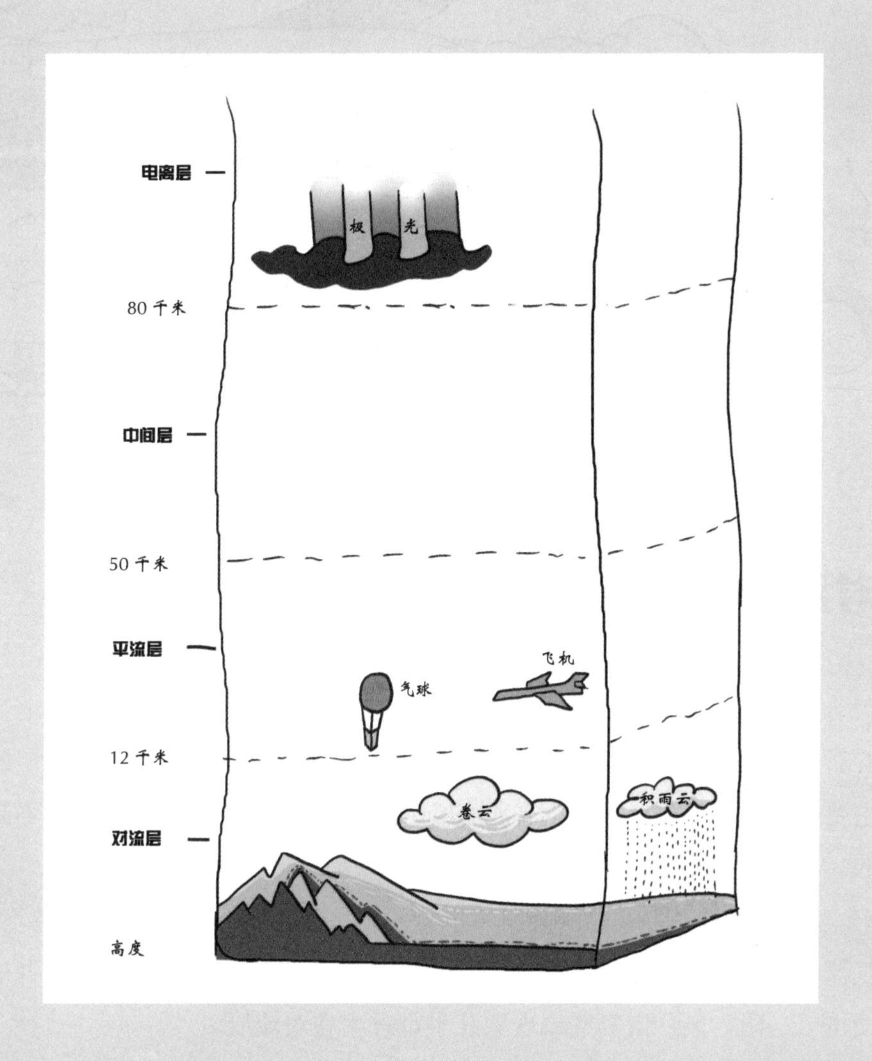

少，吸收紫外线的能力很弱。在中间层，高度越高，温度越低。大气的温度会这样一直低下去吗？不会的，只要脱离了中间层，就等于脱离了寒冰地狱，很快就会感受到温暖。

中间层往上至500千米左右的高度是电离层，是一个受太阳辐射及宇宙射线激励而电离的大气层。这里温度很高，空气非常稀薄，和星际空间没有明显的边界，是高层大气的外围部分。

对流层：天气诞生的地方

大气层中，对流层对人类生活影响最大，因为它是产生天气的地方。别看对流层只是大气层中的一部分，却占了七成多的大气质量。对流层的热量主要来自地面辐射，所以对流层的温度随高度的增加而降低。但这不是绝对的，在某种情况下也会发生气温随高度增加而上升的“逆温现象”。

由于热量受地面因素影响大，不同地区对流层的气温、湿度并不相同，气流的运动较为复杂。而且，对流层的水汽质量占大气水汽质量的九成，这使得云、雨、风、雷等气象现象几乎都发生在对流层。

对流层的平均高度是 11 千米，不过其高度并不统一。在天气炎热的热带地区，对流层高度能达到 16 千米，而在寒冷的极地，其高度仅为 8 千米。这也解释了为什么在非洲大草原上看天空格外辽阔，云飘得特别高——其实是因为生成云朵的对流层上限高。

了解了对流层的知识，你就能靠自己的力量解答一些有趣的问题了。譬如，坐飞机的时候，飞机是在云层上还是云层下？

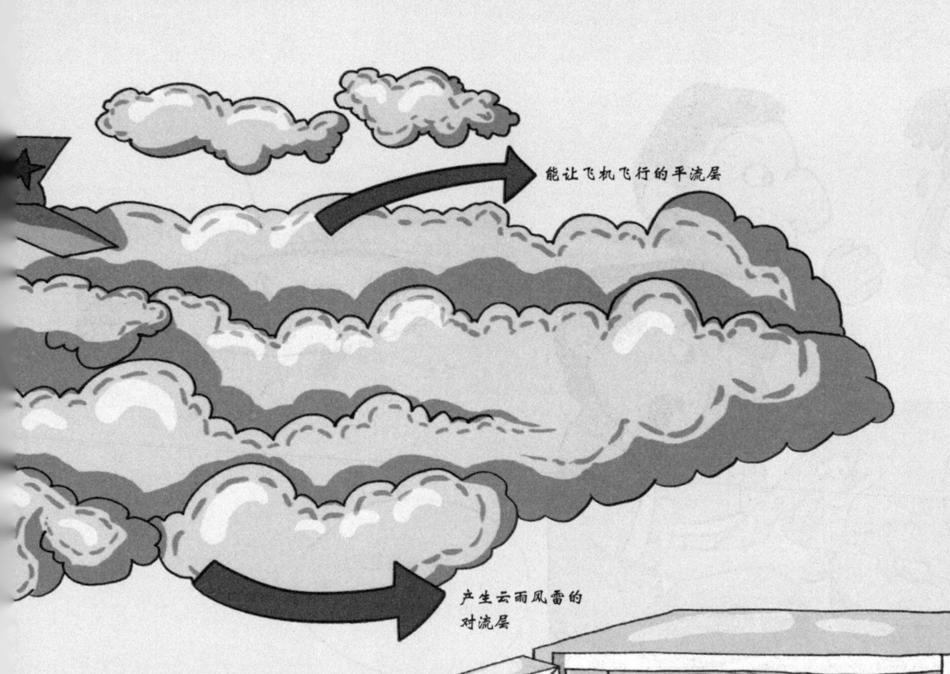

答案是云层上。在大气层一节中我讲过，平流层气流运动平缓，适合飞行，是飞机航行的区域。云朵作为一种气象现象，产生在对流层。飞机在平流层飞行，平流层在对流层上方，即是说飞机是在云层之上。

不要觉得复杂，这就是简单的推理，你需要往小脑袋里装入知识，同时也要学会利用知识，不然脑袋和一只饼干桶有什么区别呢？

告诉妈妈，买无氟冰箱

地球上 90% 的臭氧集中在平流层的某个区域，被称为臭氧层。臭氧层如同为地球撑起了一把巨大的遮阳伞，阻挡来自宇宙的紫外线。

臭氧在大气中的含量特别少，仅占百万分之零点四，随着人类科技的发展，开始越来越多地向大气中排放氯氟烃类化学物质。氯氟烃完全是人类自己制造的噩梦，它被广泛用于冰箱、空调制冷中，从地球的各个角落散逸出来破坏着地球的屏障。

臭氧层越来越稀薄，南极地区甚至出现了巨大空洞，保护臭氧层刻不容缓。孩子，你现在还是一个弱小的生物，不能为你的母星做什么，但至少能告诉你的同伴保护臭氧层的重要性，或者建议妈妈去买无氟冰箱。

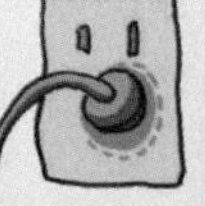

气压

用磅秤给空气称重

什么？你养的深海鱼死了？

哎，孩子，什么？是意外？

无知害死鱼啊。深海鱼在这里是必死无疑的啊！什么，什么，什么，你要找出凶手？

好吧，我今天就帮你找一找是谁杀死了深海鱼。不过，报仇这件事，还是放一放吧……在找出凶手之前，我们先来认识一个新朋友。

气压：空气的重量

1654 年 5 月 8 日，德国马德堡市的市民们纷纷涌出家门，跑去试验场看热闹。眼前的一幕太惊人了：十六匹高头大马分成两组沿着相反方向在拉一只铜球，累得满身是汗。这是一只完整的铜球吗？不是！不过是两片黄铜制成的半球壳子，中间垫上了橡皮圈。两个半球被装满了水，然后严丝合缝地合在一起。之后，球里的水被抽空，球的内部成了真空状态。

几个马夫拼命挥舞着鞭子，马儿们更加卖力，过了一会儿，只听“嘭”的一声巨响，铜球分成了两半。市民们都惊讶极了。实验的主持者、市长奥托·冯·格里克骄傲地举起铜壳子对大家宣布：“大家都看到了吧，这就是大气压力的力量！”这就是马德堡半球实验，一个关于大气压力的故事。单

位面积上承受的大气的重量就是大气压力。咦，大气看不到摸不着，怎么会有重量呢？有的，不仅有，大气的重量还很大呢。

你在地上画一个格子，把格子想象成一根空气柱子的底部，这根柱子很长很长，柱子顶一直到大气的边缘——宇宙里去。虽然空气粒子本身质量很小，但是空气柱子太长了，很多很多空气粒子汇聚在一起，就凑成了很大的重量，有了了不起的大气压力。

在马德堡半球实验里，铜球中的空气被抽走了，球内的空气粒子密度变得很小。球外面的空气粒子依然很多，挤压着铜球，使得两半球壳不会分开。

唔，看你的样子好像没听明白。不要紧，你可以自己复制这个实验，亲身感受气压的力量。伸出你的手掌，看看手掌心，是不是有个半弧的形状？你将两只手交叉着掌心相对，使劲挤出空气——怎么样，感觉到手掌心有股吸力吗？两只有弧度的掌心，相当于铜球的球壳；挤出掌心的空气，相当于在掌心中制造了真空状态。手掌中没有什么空气粒子了，手掌外侧的空气粒子使劲挤啊挤啊，两只手就被“粘”在一起了。

最后，说句题外话，格里克市长为了实验花了4000英镑，几乎是当时一位贵族全年的收入，人类对科学的狂热还真是骇人。

气体分子玩“对对碰”

谁发现了大气压？格里克市长！——你要真这么回答了，只能说上次你没有认真看故事。格里克市长进行了著名的马德堡半球实验，却并非气压的发现者，发现气压的是意大利科学家托里拆利。

时间后退到马德堡半球实验前 14 年，即 1640 年。意大利佛罗伦萨郊区的矿井浸水了，工人们抬去了一台抽水机进行排水，却发现水最多升到 10 米左右。工人们请来了研制抽水机的工程师们，工程师们也一筹莫展，后来请来了科学家托里拆利。托里拆利费尽心思，依然不能让水继续升高，只得去请教老师伽利略。伽利略此时已经 80 岁高龄，不能进行耗费心神的研究工作了。不过，这位聪明的老科学家给了爱徒一个提示：其他液体未必能像水一样升高到 10 米。1643 年，托里拆利进行了著名的“托里拆利实验”。

下面，你也可以做一下这个实验，我认为亲自动手能让你对这人类历史上的著名实验有更直观的体会。

实验需要 1 米以上的玻璃管、水银、水槽。在水槽里注入水银，实验就可以开始了。

首先握住玻璃管，在管子里注入水银，赶走空气。然后用手指堵住玻璃管的开口（注意，一定要紧紧堵住，否则，实验就会失败），把玻璃管倒插入水银槽（要等开口全部浸入水银才能放手）。看看水银柱的竖直高度，正是大气压强支撑起了这个水银柱哦。然后我们慢慢倾斜玻璃管，注意，水银柱的竖直高度没变。然后继续倾斜，高度依然不变，继续倾斜，还不变，继续倾斜……哇，水银将管子填满了。我们同时用几根玻璃管进行试验，选高度、粗细都不同的。无论用什么样的玻璃管，水银柱的竖直高度依然不变，这说明大气压强与玻璃管的高矮胖瘦是没有关系的。当年，托里拆利就是用这个简单方法测出了 1 标准大气压的大小。

大气压力产生的原因可以从两个角度来解释，从宏观角度讲，地球引力使空气"压"在地面上，地面和地面上的物体支撑着空气，就受到了大气压力。从微观角度讲，就要涉及分子问题了。空气是由很多很多分子组成的，这些分子毫无团队精神，自顾自地做着无规则运动。气体分子一味横冲直撞，

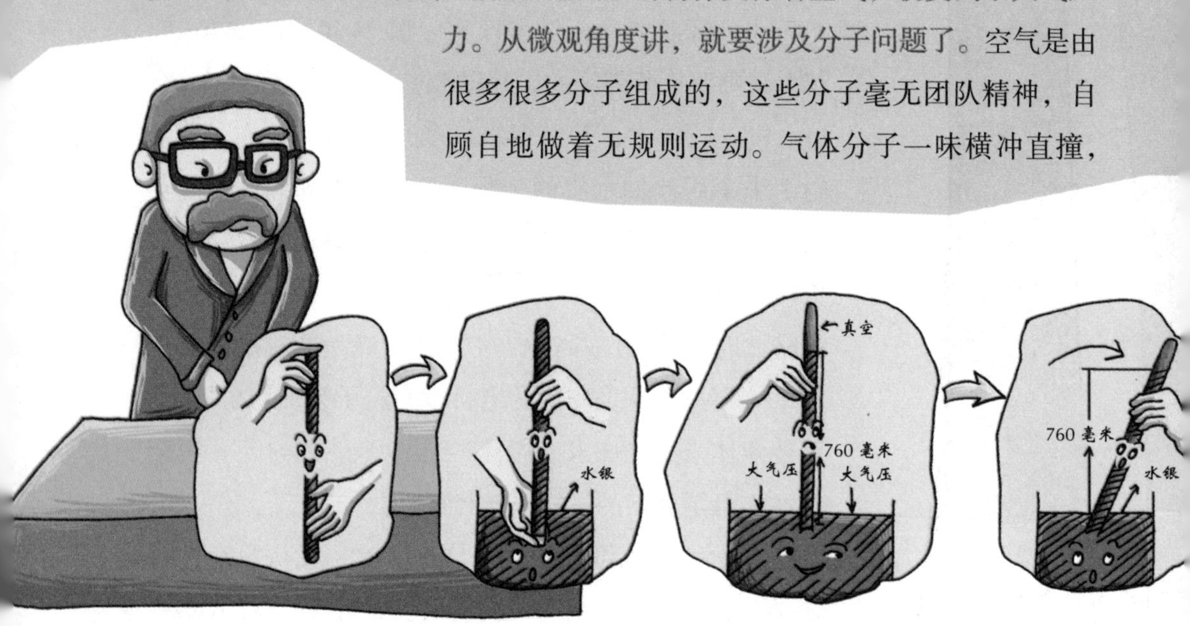

像碰碰车一样，免不了对空气中的物体发生碰撞，每次碰撞都会给物体表面带来冲击力。它们碰撞物体的概率是非常高的，而且会持续碰撞，这样大气就对物体表面形成了压力。如果单位体积内有很多气体分子“碰碰车”作乱，空气分子对物体表面碰撞的次数就特别多，那么大气压就格外大。

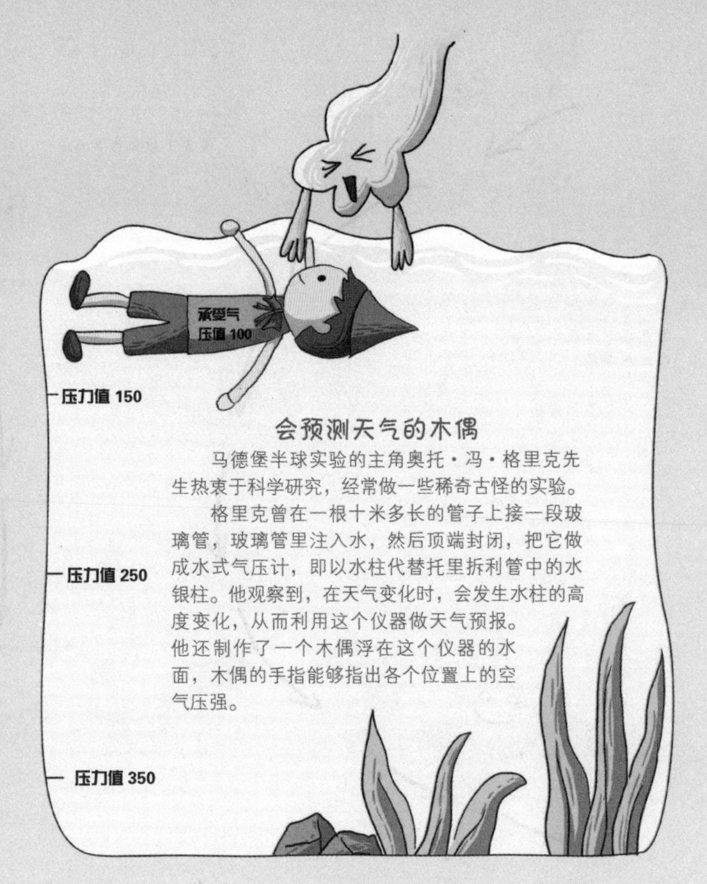

高气压·低气压

气压可分为高气压和低气压。

高气压简称高压。所谓高压是相对而言的，在某个地区同一高度上，有个地方的大气旋涡的中心气压比周围高，这里就被称作高压，气压最高的地方叫作高气压中心。

空气会从高气压中心向外呈辐射状流散，由于地球是在转动的，这些流散而出的空气形成了旋涡状，而且在南半球与北半球转动的方向不一样，在南半球顺着逆时针方向运动，在北半球顺着顺时针方向运动。

在高气压地区，因为空气都流散了，高空中的空气就赶紧下沉，来

填充流散的空气的位置，这一过程会让气温变高，相对湿度也随之降低。于是在高压区内很少会看到云朵，自然也不怎么下雨，倒是时不时会刮起大风。

低气压简称低压，它与高压相反，是指某个地区的大气旋涡中心气压比周围低。其中气压最低的地方被叫作低压中心。低压中心的气压比周围都低，空气就会从气压高的地方跑到这里来。孩子，当你洗完手，拔出洗手池的塞子的时候，是不是所有的水都呈旋涡状向排水口涌去，很快流光了？低压中心的情况看起来与之很相似。

空气从低压中心流入，很快形成上升气流。上升的气流压强较小，密度较小，温度比较低，空气中的水汽容易凝结。如果你生活在低压地区，很容易看到多云多雨的天气。

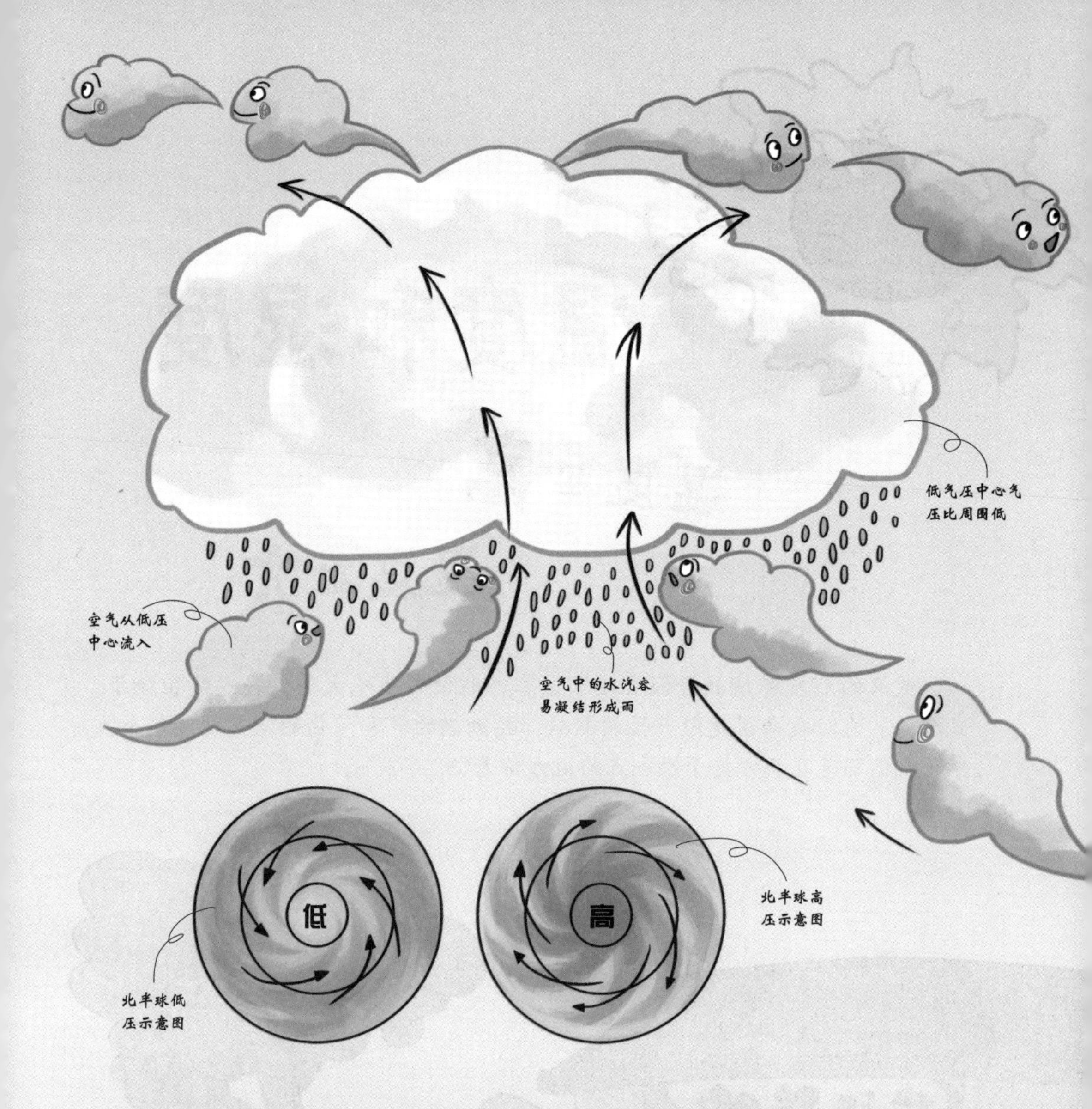

现在，你知道杀死深海鱼的凶手是谁了吧？对，就是气压。

为了适应深海环境，深海鱼进化出了独特的身体结构，并且体内充满水，保持内外压平衡，而到了陆地上，体内外压力就会失衡，所以，陆地上或鱼缸里是看不到活着的深海鱼的。生物适应环境的能力有时候也会成为它们致命的弱点——好不容易适应了一个地方的气压，换到另外一个完全不同的地方，自然受不了咯！

温度和湿度

温度越高　湿度越大

武汉的朋友邀请我暑假去他家做客，顺便带我吃大餐，我忍痛拒绝了。武汉的夏天对我来说是毁灭性的煎熬，黏糊糊的汗和闷热的空气持续整个夏季，我们还是在北方更干燥一点的地方待着吧。

给空气测体温

人体有体温，空气也是，所谓气温就是大气的温度。天气预报有个重要项目是报告当天的气温，这个气温可不是你家墙上挂的温度表上显示的温度。气象站的温度表一般在百叶箱内，百叶箱是一种有防护功能的设备。如果把测量仪器赤裸裸地放置于空气中，阳光会对它造成辐射、地面会反辐射，刮风、下雨、下雪都会对它造成影响，从而影响数据的准确性。把测量仪器放到百叶窗里就不会出现这些问题了，百叶窗既遮阳又通风，还不至于让仪器散热过快，是测量气温不可缺少的帮手。安置百叶箱也有讲究，要安置在野外空气流动性好、阳光直射不到的地方。一般来说，人们一天会观测四次，时间分别为凌晨 2 点、上午 8 点、下午 2 点和晚上 8 点。有些地方根据实际情况不同，只观测三次，凌晨 2 点就不观测了。

人的体温是恒定的，空气的体温则会变化。每天下午 2 点前后是气温最高的时候，而日出的时候气温最低。

空气有干湿之分

女孩子都非常关注自己的皮肤，而皮肤的好坏与空气湿度有非常密切的联系。湿度就是空气中水蒸气的含量，被用来衡量大气的干湿程度。

水蒸气是大气成分的一种，在某个温度下，一定量的空气里含有的水蒸气越多，空气越湿润；含有的水蒸气越少，空气越干燥。入秋之后空气中水蒸气含量急剧降低，用空气加湿器来改变空气中水蒸气含量是个不错的选择。

没有人在夏天使用空气加湿器，因为夏天气温高，空气本来就湿乎乎的。温度高，蒸发的水多，空气湿度大；温度低，蒸发的水少，空气湿度就小。

湿度可以分为绝对湿度和相对湿度。一定量的空气中含有的水蒸气最大值即是绝对湿度。绝对湿度不是固定的，温度越高，空气中的水蒸气越多，绝对湿度值就变化了。

生活中人们提到湿度指的不是绝对湿度，而是相对湿度。用测量得到的

实际水蒸气量除以饱和水蒸气量，再乘以 100%，对照下湿度表就可以得出准确数值了。相对湿度高，说明空气中的水蒸气含量高；相对湿度低，说明空气中的水蒸气含量低。

当空气相对湿度达到 45% ~ 55%，人才会感觉比较舒服。有雨或者有雾的天气，测量相对湿度会得到超过 100% 的数值，这是因为空气中的水蒸气太多了，出现了“过饱和状态”。相对湿度对可燃物的含水率有直接影响，以森林火灾为例：

日平均相对湿度	发生森林火灾概率
75% ~ 80%以上	不易发生
75%以下	可能发生
50%以下	容易发生
30%以下	极易发生

早穿棉袄午穿纱

小朋友，你知道今天的最高温度和最低温度是多少吗？不知道？那好好听听天气预报或去网上查一查啊！知道了这两个数值，就可以知道气温日较差了。所谓气温日较差，就是一天之内最高气温与最低气温之间的差距，我们用最高温度减去最低温度，就能得出气温日较差！

通过研究气温日较差，我们能较为直观地了解某地的气候特征。有的地方日较差比较大，有的地方日较差却比较小，这与当时的季节、天气情况以及当地的纬度、地表性质都有密切关系。中国新疆的夏天有句谚语叫作“早穿棉袄午穿纱，围着火炉吃西瓜”，可见那里的温差有多大！

气温日较差受季节影响较大——这在中纬度地区尤其明显。冬季的时候，中纬度地区白昼时间短，中午的太阳高度角小，一天下来，太阳辐射的大小变化不大，所以日差较小。到了夏天可不一样了，白昼长了许多，太阳高度角也大，太阳辐射的大小变化比冬季大多了，日较差也理所当然变大了。

天气会影响到气温日较差比较好理解，遇上阴天下雨，厚厚的云层遮蔽天空，地面能接收的太阳辐射有限，气温较低。到了晚上，云层又起到了棉被的作用，阻挡了地面热量的散失，温度较平时要高。所以这样的日子里，气温日较差会比平时小。

纬度对气温日较差的影响是有一定规律的：日较差会随纬度的增加而

减小。低纬度地区的平均日差为 10 ~ 12℃，中纬度地区略低，平均值是 8 ~ 9℃，到了高纬度地区，日较差的平均值锐减为 3 ~ 4℃。高纬度的人真是好福气，早晨、晚上不必张罗着加衣服，一天到晚都暖乎乎的。

海洋与陆地的日较差差得好多，海洋的日较差只有 1 ~ 2℃，陆地则会高达 14 ~ 15℃。陆地上不同地方日较差也不同，高山的山顶、丘陵地区日较差较小，盆地地区、山谷底部日较差较大。如果地表有树林，日较差会小些；要是地表光秃秃的，日较差就大了；要是这块土地是沙土地而不是黏土地，日较差就更大了。

城市热岛效应：城市比乡村热

啊，都已经是春天了，你妈妈还让你套上这么厚的毛衣。什么，去外婆家？我要没记错，你外婆居住在乡村。我想你妈妈让你穿厚衣服是有道理的，虽然你外婆住的地方离城市并不远，但那里的温度确实比城市低。关于这种现象有一个专有名词：城市热岛效应。可以看一下近地面等温线图，郊区气温相对较低，而市区则形成一个明显的高温区，如同露出水面的岛屿，被形象地称为“城市热岛”。城市热岛效应是一个普遍现象，我们来看一些数据：

城市	比近郊年平均温度高多少
纽约	1.1℃
洛杉矶	0.7℃
费城	0.8℃
华盛顿	0.6℃
莫斯科	0.7℃
巴黎	0.7℃
上海	1.1℃
柏林	1.0℃

到底是什么原因导致了城市温度高于周边？首先，城市机动车多，这些车辆会排出很多热量。城市中往往还会有很多工厂，现在人类对能源的利用率很低，会有不少热量被白白浪费，散逸到城市空间中。如果是节假日工厂停工休息，城市热岛效应就会弱很多。

乡村泥土路多，城市则不然，处处都是柏油路、水泥路，还有砖石、水泥营造的高楼大厦。这些东西反射太阳辐射的能力小，会吸收、储存不少热量。

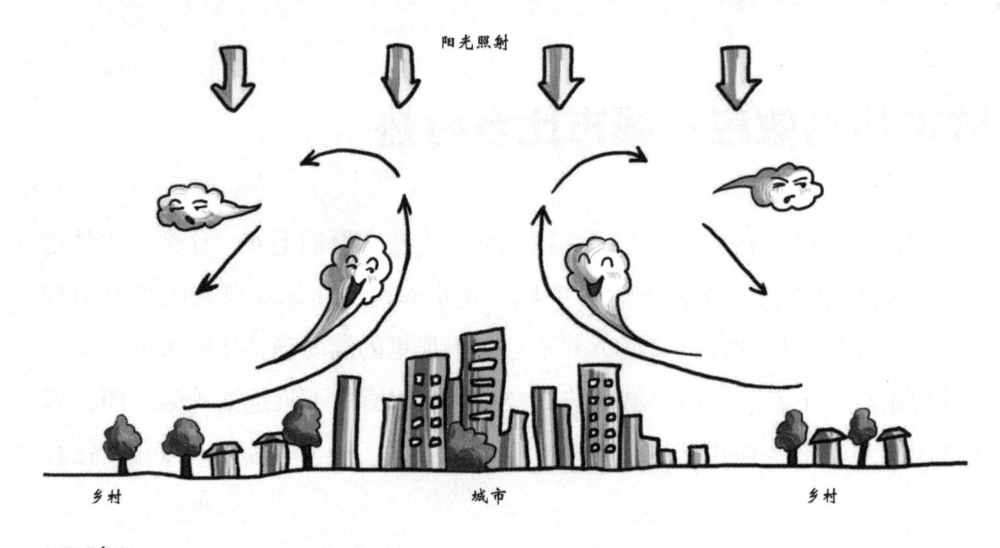

对了孩子，你是不是觉得在外婆家看星星，比在城市看到的又多又亮？因为城市上空经常会出现烟雾，这些烟雾会防止白天地面吸收的热量流失，使得城市热岛效应晚上比白天还要明显。

城市下过雨，地面上的积水很快就会流入下水道。乡村排水系统比城市要落后，雨过之后地上比较泥泞，积水要靠蒸发带走，蒸发的同时消耗不少热量，温度也随之降下来。即是说，因为少了利用蒸发消耗热量的途径，城市温度要比乡村高。

此外，乡村一般都是平房，建筑密度也比较小，热量流散快；城市里楼挨楼，通风不好，会让热量难以扩散。

给地球装一个大空调

四季分明虽然是好事，不过人们却要在冬天忍受酷寒，在夏天忍受酷热，如果能将温度控制在一个人体感觉舒适的范畴内就好了。这样人们不但可以省掉很多添减衣服的钱，还能省去很多取暖、纳凉的费用，真是不错。

要想实现这个目的，恐怕只能在地球上装一个大空调了。地球是太阳系中直径、质量、密度最大的类地行星，平均半径达到约 6371 千米，为这样一个巨大的星体安空调可是相当困难。即使安装成功，那么，空调遥控器应该由哪个国家控制呢？爱远足的人喜欢春天，爱游泳的人喜欢夏天，爱滑雪的人喜欢冬天……恐怕在季节选择上，人们永远达不成统一意见。

地球气温的变化问题难以解决，那么，我们就来了解一下气温的变化规律，来适应它。地轴的倾斜使得地球有了四季变化，温度会根据季节的不同发生变动。众所周知，地球绕着太阳公转，地轴与轨道面倾斜成约 66.5 度的夹角。由于地轴的倾斜，当地球处在轨道上不同位置时，地球表面不同地点的太阳高度是不同的。太阳高度大的时候，太阳直射，热量集中，就好像正对着火炉一样；而且太阳在空中经过的路径长，日照时间长，昼长夜短，气温高，这就是夏季。反之，太阳高度小时，阳光斜射地面，热量分散，相当于斜对着火炉；而且太阳在空中所经路径短，日照时间短，昼短夜长，气温则低；由冬季到夏季，太阳高度由低变高。

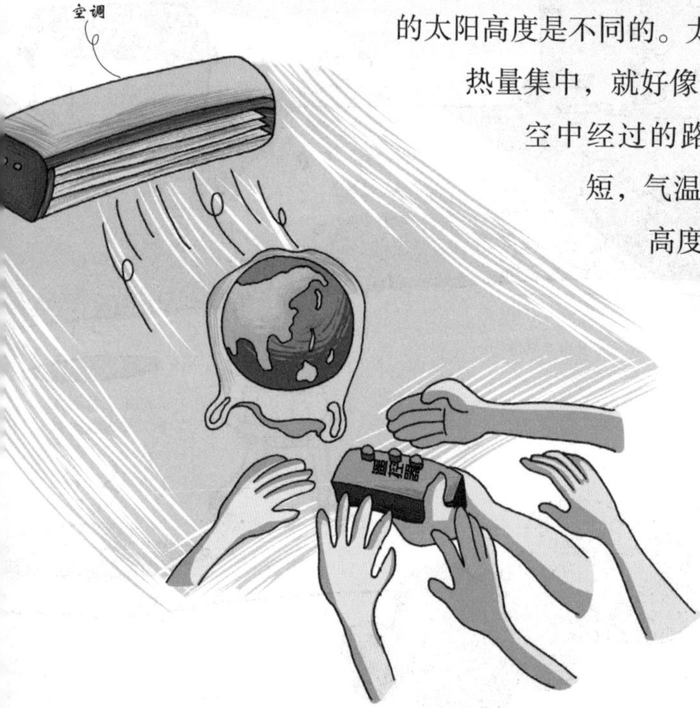

空调

赤道不是最热的地方

很多人认为赤道一年到头艳阳高照，是最热的地方，其实不然。地球上最热的地方是非洲、美洲、亚洲、大洋洲的一些大沙漠。那些大沙漠虽然离赤道很远，太阳升起之后温度迅速上升，比赤道热得多。

沙地的热容量很小，而且沙漠地区地面上几乎没有什么植物。太阳升起来后，阳光会直接照射在赤裸裸的沙地上，地面温度很快升高。水的蒸发会消耗热量，沙漠特别缺水，自然也就缺少了一个降低温度的途径。

赤道虽然阳光强烈，雨水也很多，几乎每天下午都会有雨水滴落。厚厚的云层阻碍了更多热量传导到地面，雨水的蒸发也会降低温度，这样就保证了温度在一天中不会直线上升。

除了四季造成温度变化，一天之中气温的高低也是会发生变化的。太阳升起来以后，地面会不断吸收太阳热量，温度慢慢上升。到了中午 12 点，太阳辐射达到最大值。不过这时候温度还没有升到最高，地面还在吸收热量。下午 2 点左右，温度才会达到一天的最大值。2 点以后温度开始降低，地面会缓慢地释放之前积蓄的热量。第二天黎明前后，积蓄的热量几乎全部消耗完，所以黎明是一天中最冷的时候。知道了温度变化的规律，你可以根据季节决定穿什么，然后根据一天的温度变化来添减衣物了。

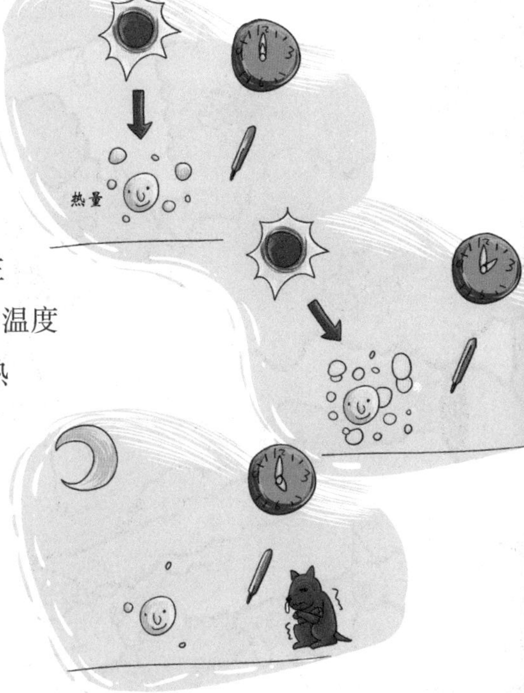

每天我们按时上学，按时放学，知道往哪里走可以回家，知道骑车需要多久到达目的地。看起来家、学校都是静止不动的，不然我们今天上完学明天就不知去哪里了。其实呢，整个地球都在不停地运动，在旋转，一秒都没有停歇，否则，就不会有四季的变化了。

那为什么我们没有感到头晕呢？这个要去问问物理老师了，今天我们要学习的是由地球的转动而产生的美妙变化——四季。

季节

春夏秋冬　周而复始

小鸟啾啾叫，春天来了

说到春天你一定不会陌生，它是一个多么美好的季节啊！大地变绿，花朵盛开，小鸟、昆虫再次出现在人们的视野中……不过，草不是在同一天变绿，花也不是在同一天绽放，小鸟也不会像上班一样准时出现在电线杆上，怎样才能确定春天是什么时候来的呢？气象学家规定，连续五天以上平均气温都超过 10℃，就表示春天到来了。

中国的北方与南方温差很大，当北方还冷风瑟瑟的时候，南方已经有暖风吹拂草木了。很多时候，冷暖空气在天空中打得不可开交，经常会出现大风。中国北方春季气温回升，降水却比较稀少，大风一刮就会引发扬沙天气。漫天沙尘飞舞，空气脏极了，回家就得洗澡。空气中还悬浮着许多过敏物质，

一些过敏体质的人觉得春天特别难熬。一些南方虽然没有扬沙，连绵的阴雨也会让人吃不消。

不仅如此，春天的天气还“喜怒无常”，一会儿晴天，一会儿雨天，在民间有“春天孩子面”的说法。会出现这种现象，是因为北方地区的冷空气与南方地区的暖空气交汇之后产生了气旋，气旋会带来阴雨天气。等气旋消失，又会恢复晴好的天气。

春天横亘三个月份，你知道属于春天的月份是哪几个吗？回答正确，是3月、4月和5月。不过，我不能给你打满分，因为你只回答了一半——你只回答对了关于北半球的部分。北半球与南半球的春天不是同时到来的。北半球的春天在3月份到来，南半球的春天却要一直拖到9月份才到，相应地结束时间成了11月。

夏季有冰棍，也有很多花

中国人认为到了立夏，夏天就开始了。不过科学家们会更严谨一些，他们认为“立夏”后一个月左右夏天才会真正到来。因为根据人类制定的科学标准，平均温度持续达到 22℃以上才算夏天，立夏时温度没那么高，自然就不能算是“真正的”夏天了。北半球与南半球进入夏天的时间也不一样，北半球的夏天 6 月份开始，8 月份结束，南半球的夏日要到 12 月份才姗姗来迟，2 月份结束。

很多人都特别喜欢夏天，在夏天不仅可以吃美味的冷饮，还能去游泳、冲浪玩个痛快，即使不喜欢运动的人也会出门跑一跑。不仅仅是人类，所有生物到了夏天都会生机勃勃哦!

夏日的炎热气候特别适宜植物生长，它们会努力开出各种璀璨的花朵。

不过植物开花不是为了展现美那么简单，开花是为了结出果实，延续种族的生命。动物也在为了繁殖后代而忙碌，夏日口粮充足、温度适宜，是交配、生育的好时候。农民伯伯在夏天对农田格外细心照料，充足的阳光、适宜的温度和足够的水分让田里的庄稼长得又快又好。

不过夏天并不是什么都好，起码天气的变化很麻烦。妈妈总会让你在书包里塞上雨伞，就是为了应对突如其来的坏天气。夏天是四个季节中天气变化最剧烈的一个，中国很多地方的降雨基本上都集中在这个季节。以我们国家的首都

地球仪为什么是歪着的

地球仪为什么要歪着安在基座上？是设计师故意的吗？是的，总体来说，我们常见的地球仪是个写实的作品，因为地球在宇宙中就是歪的！多亏它这样歪着，人类才能感受到四季的变化。

你来看地球仪，它中间的部分叫赤道，两端分别被命名为南极、北极。人类想象有一根直线穿过南北极、穿透了地球，这根并不实际存在的线叫地轴。地球时刻都在绕着地轴自转，每转动一圈，就经过了一天。确切地讲，它自转一圈需要 23 小时 56 分 4 秒。

因为地球是歪着的，所以地轴也是歪的，地轴倾斜的角度是 23.5 度。正是这 23.5 度让地球有了四季。歪斜的地球绕着太阳做公转的同时又绕着地轴做自转，每变动一个位置，地球上不同地方太阳高度就会产生变化，气温、日照时间都会发生变化，这就是四季的由来。

北京为例，根据资料显示，近30年来北京的全年平均降水量为570毫米，夏季降水量为423毫米，夏天的降水量占到了全年的7成多！

7月下旬和8月上旬下雨是常事，而且多为大雨、暴雨。洪涝灾害、冰雹、台风等可怕的自然灾害也多在这个时候发生。不过，要是不下雨也不是好事，表示会发生旱灾。夏天温度很高，要是不能及时补充降水，不仅花花草草长不好，还会影响到农作物的收成。

秋天是结果子的季节

人类喜欢称秋天是“黄金季节”，这个季节最明显的特征是树叶的飘零，清洁工们会开着清洁车在马路上来去，刚清扫过落叶，一阵风吹过又会有金黄的秋叶落下。离开城市去郊外走走，你会看到大地褪去绿装穿上了金色的衣裳。中国人喜欢用美丽的词汇形容秋天，譬如丹桂飘香、秋高气爽之类——其中蕴含的美感真是难以言喻。

理论上，科学家把有五天气温连续在22℃以下，就表示秋天来了，而等气温降到10℃以下就表示秋天结束了。

秋天是大地最富饶的季节，秋天沉甸甸的果实压满枝头，农田里庄稼也进入了收割期。农作物在秋天成熟得较快，因为秋天白天气温较高，夜晚温度低，很适合农作物体内营养物质的制造和积累。

大大小小的动物会在秋天准备过冬的食粮，一些会冬眠的动物则会吃得饱饱的，为漫长的沉睡做准备。此外，到了秋天妈妈会把你的短衫、短裤收起来，给你穿厚衣服，动物们也是一样，它们会换上厚厚的毛皮准备过冬。

中国东北地区是秋天来的最早的地方。太阳高度角在秋天会变低，气温会随之变低。冷空气的到来更是会让北方变得晴空万里，天气清爽。南方依然会有雨水，不过不再是大雨暴雨，而是优雅的绵绵秋雨，严格讲秋雨其实是气象灾害的一种。此外，霜冻、低温、寒露风都会给农业生产带来影响。

嗨！雪人你好

如果连续 5 天平均气温都低于 10℃，说明一年中最冷的季节——冬天到来了。

与生命的活力肆意流露的夏天不同，冬天非常低调收敛。依据我们中国人的传统观念，冬天这三个月是“闭藏”的季节，无论是动物和植物都变得很低调，为来年养精蓄锐。

生物几乎不约而同地选择了用减少生命活动来过冬，多吃、多睡是动物挨过寒冬的秘诀，一些鸟还会选择飞到温暖的南方。大部分植物都会让叶子枯萎脱落，因为叶子会耗费很多宝贵的养分。

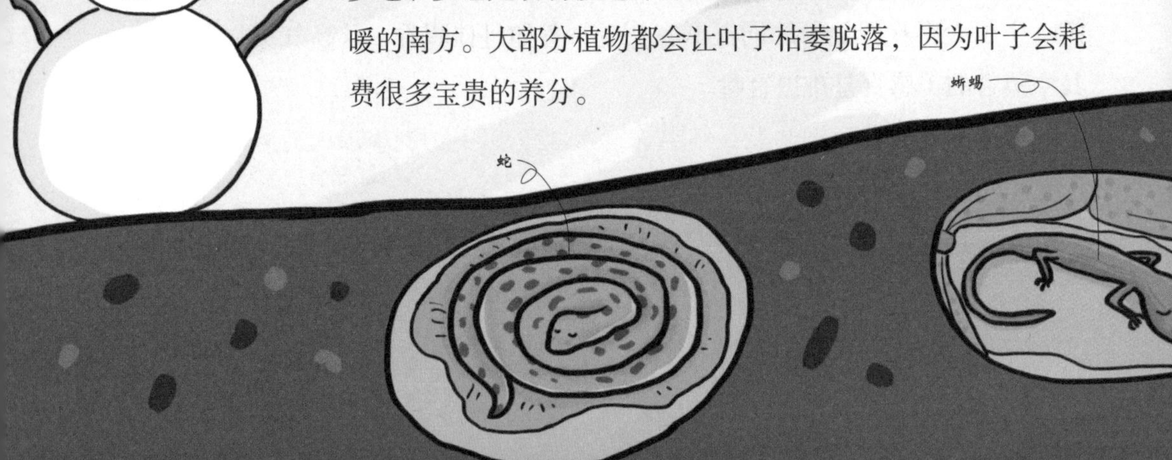

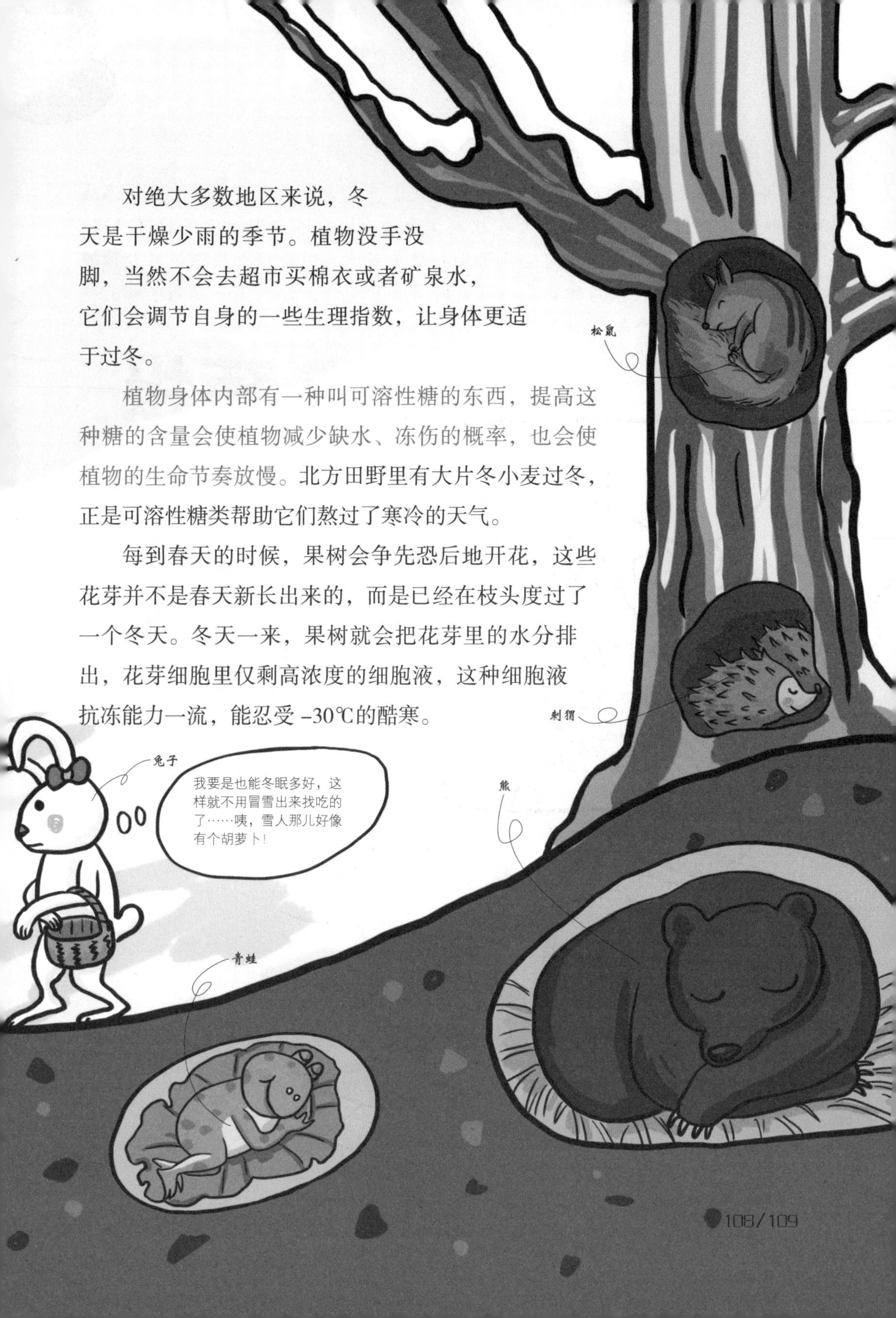

对绝大多数地区来说，冬天是干燥少雨的季节。植物没手没脚，当然不会去超市买棉衣或者矿泉水，它们会调节自身的一些生理指数，让身体更适于过冬。

植物身体内部有一种叫可溶性糖的东西，提高这种糖的含量会使植物减少缺水、冻伤的概率，也会使植物的生命节奏放慢。北方田野里有大片冬小麦过冬，正是可溶性糖类帮助它们熬过了寒冷的天气。

每到春天的时候，果树会争先恐后地开花，这些花芽并不是春天新长出来的，而是已经在枝头度过了一个冬天。冬天一来，果树就会把花芽里的水分排出，花芽细胞里仅剩高浓度的细胞液，这种细胞液抗冻能力一流，能忍受 –30℃的酷寒。

妈妈每天都会看天气预报，看看明天温度是多少，决定要不要给你添减衣服；爸爸出差之前会关注天气状况，看看飞机会不会因为天气状况延误；爷爷去打太极拳，也要看看空气污染指数是多少，污染严重去锻炼对身体有害无益……天气预报与你的生活联系得多么紧密啊，让我们一起来了解天气预报的知识，做个气象小专家吧！

天气预报

预测未来的天气

天气预报很重要

“气象”是什么，这个问题听起来很学术、很严肃，其实答案没那么复杂啦。抬头看看天空，那些雾、雨、雷、电、彩虹、雪花等等常见的东西，都叫作气象。科学家们给这些东西下了一个定义，称它们是大气的物理现象。

科学家甚至专门开辟了“气象学”学科，专门研究气象问题。你可能会觉得为了刮风下雨、打雷闪电的事弄个学科真是多此一举。这你可说错了，气象学很有意义的，它与人类的生活、生产都有着密切联系，没有气象学的发展，就没有天气预报哦！

如今，天气预报的服务范围越来越大，海洋、森林、污染、航空等都纳入了它的服务范围。

谁这么厉害能预测天气

无论从事何种研究工作，素材的收集都特别重要。要想预测天气，得在各个区域安排专业人员进行观测。温度、湿度、风速、风力、降雨量……都是观测内容，而且每三小时就要观察一次。现在人类的科技越来越进步，不少地区已经安置了智能观察仪器，每时每刻都能收集“天气情报”。

海洋也是天气预报的重要部分，不过海洋面积非常广阔，观察起来很困难。人类喜欢做生意，在海洋上有很多船只都在运输货物，气象工作者就请这些货船一起帮助收集资料。还有一些客船也加入了收集资料的队伍，让气象信息更多、更完备。

人类还会往天空中放气象观测气球，这种气球能飞到距离地面 30 千米的地方，很厉害呢。放气象观测气球是为了把无线电探空仪送到天空里，收集高空的气象信息。不过在更高一些的地方，气象观测气球也无能为力了。这时候就要请飞机、气象雷达、气象卫星来帮忙。想制作一个短短几秒钟的天气预报，真是兴师动众啊。

等所有资料收集齐之后，数据全部会被输入气象台的电脑里，通过精密的分析、计算，得出一份准确的预报气象图。人类从电视、广播、网络上得来的所有天气预报，其实都是对这份预报气象图的解析。

天气预报的历史

早在古希腊时期，著名的哲学家、科学家亚里士多德就对气象产生了兴趣，他甚至专门写了一本书《气象汇论》，来记录他所研究发现的气象学知

教你读气象图

要做一个天气达人，起码要看的懂天气预报——我知道你看不懂，当美丽的气象小姐出现在气象图前的时候，你会痛苦地闭上眼睛——你完全搞不懂气象图上古怪的符号代表什么意思。

尽管很难，但相信你一定能学会，因为那并不是多么复杂的东西。

气象符号是为了方便人们在有限的篇幅里读到详细的天气信息而设计的。气象台辛辛苦苦收集了很多天气资料，然后把这些资料用很多符号标示在一张地图上。你知道，资料这种东西又多又麻烦，如果全标在一张纸上恐怕除了那个写字的人没人认得全。于是人们就发明了一些特定的符号标示天气状况。

识。随着人类在物理学和化学方面的进步，气象学也在被逐渐丰富。研究气象问题必备的测量温度、湿度、风向的仪器，在18世纪、19世纪被发明了出来，这使得气象学更科学、更严谨了，发展得也更快了。

虽然古代人类已经在天气预报方面有所建树，但是现代天气预报在19世纪中期才出现。人类是好战的种族，在互相屠戮方面总会绞尽脑汁。不过，作为意外收获，战争也会催生不少好东西，天气预报就是其中之一。

英法两国同沙俄进行克里木战争，在海战的时候，英法联军通过研究天气预报争得了主动权。看到天气预报这么有用，1856年，也就是战争结束的当年，法国就将世界上第一个天气预报服务系统组建起来了。

天气预报内容越来越丰富，服务内容已经不仅限于告诉人们第二天是阴是晴、气温是高是低，还会告诉人们第二天应该穿什么衣服、适宜进行什么锻炼、有某种疾病的人应该注意预防什么……在农业地区，气象台还会专门为农民伯伯提供农业信息，告诉他们什么时候适合播种、什么时候会有干旱、什么时候留神霜冻……要是在古代，没有天气预报，农民伯伯们可怎么办呢？

二十四节气

中国人祖先用的天气预报

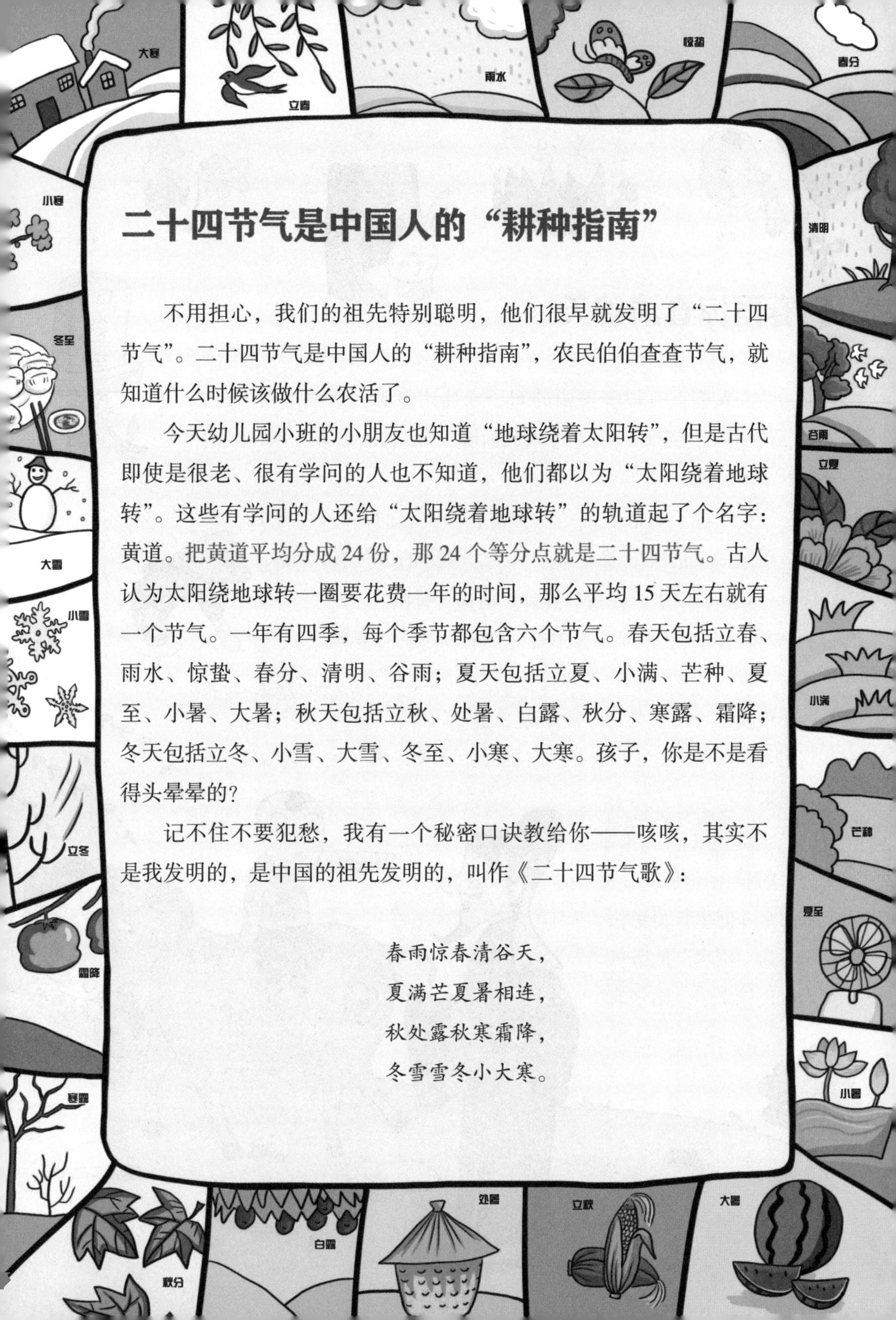

二十四节气是中国人的“耕种指南”

不用担心，我们的祖先特别聪明，他们很早就发明了“二十四节气”。二十四节气是中国人的“耕种指南”，农民伯伯查查节气，就知道什么时候该做什么农活了。

今天幼儿园小班的小朋友也知道“地球绕着太阳转”，但是古代即使是很老、很有学问的人也不知道，他们都以为“太阳绕着地球转”。这些有学问的人还给“太阳绕着地球转”的轨道起了个名字：黄道。把黄道平均分成 24 份，那 24 个等分点就是二十四节气。古人认为太阳绕地球转一圈要花费一年的时间，那么平均 15 天左右就有一个节气。一年有四季，每个季节都包含六个节气。春天包括立春、雨水、惊蛰、春分、清明、谷雨；夏天包括立夏、小满、芒种、夏至、小暑、大暑；秋天包括立秋、处暑、白露、秋分、寒露、霜降；冬天包括立冬、小雪、大雪、冬至、小寒、大寒。孩子，你是不是看得头晕晕的？

记不住不要犯愁，我有一个秘密口诀教给你——咳咳，其实不是我发明的，是中国的祖先发明的，叫作《二十四节气歌》：

春雨惊春清谷天，
夏满芒夏暑相连，
秋处露秋寒霜降，
冬雪雪冬小大寒。

春雨惊春清谷天

古人笔下有很多美丽的句子来描述春天，细腻生动，比如“清明时节雨纷纷，路上行人欲断魂”“沾衣欲湿杏花雨，吹面不寒杨柳风”，等等。

属于春天的节气都是清秀而充满美感的，诗歌中提到的“清明”就是一个节气。春天的节气有六个：立春、雨水、惊蛰、春分、清明、谷雨。

立春，“立”在中文中是开始的意思，立春就表示春天开始了。立春又叫打春，为了迎接春天，民间会举办热闹有趣的祭典，一般家庭也会专门做春饼、吃萝卜，称之为“咬春”。到了立春，白昼开始变长，天气也变得温暖起来。

立春过后，大地上的草木生发，需要雨水才能生长得更快，名为“雨水”的节气很快就来了。雨水有

两层含义，一是表明随着天气变暖降水量增多，二是说雪花逐渐消失踪迹，空中飞舞的将是小雨滴了。

春天的脚步越来越急，地底的小动物们冬眠结束，开始醒来。有一个节气就叫作“惊蛰”，指小动物们被隆隆雷声惊醒。丰沛的雨水、温暖的气候，恢复活力的又何止小动物呢？此时各种美丽的花朵也开始盛开，善于鸣叫的鸟儿们也重新跳上了枝头。

春分的到来让春的盛宴到了一个顶峰。这时阳光直射在赤道上，中国的昼与夜是一样长的，所谓“分”就是白天黑夜等分的意思。而且春分在属于春天的三个月中，平分了春季。春分时金黄的油菜花分外灿烂，小麦开始拔节，正是农民伯伯忙碌的时候。

清明的人文气息比较浓厚，如诗歌所描述的一般有种凄清的气质，因为在清明人们有扫墓的习俗，中国人会选择这一天祭祀祖先。不过，在这天并不总是忧郁的事情，清明前后雨水多，大地变绿，人们除了扫墓还会去踏青。踏青就是郊游啦，我们国家不是在清明节会放假吗？你可以跟爸爸妈妈在这天背上好吃的去郊外玩。

谷雨是春天最后一个节气，中国人有“雨生百谷”的说法，“谷雨”的意思自然就是播谷降雨啦。农民伯伯会选择谷雨前后播种、移苗，这个时期降水量比较大，对农作物，尤其是谷类农作物的生长很有好处呢。

夏满芒夏暑相连

夏天，哦，美好的夏天，阳光、海滩、清凉的啤酒……未成年人是不许饮酒的，一滴也不许，橘子汁和冰激凌更适合你！

中国人庆祝立夏的方式非常浪漫，比如江南水乡会在这一天烹煮美味的嫩蚕豆。中国古代皇帝的庆祝方式更为气派：带着身着朱红色礼服的文武百官（连身上的配饰、马匹，甚至车上插的旗子都是朱红色的）到郊外去迎接夏天，期望能迎来丰收的年景。

在中国人的饮食中，谷物占有很重要的部分，节气“小满”就是专门描述谷物的成熟度的。此时，谷物的籽粒开始灌浆——注意，只是开始，并没有达到饱满、成熟的程度。

进入炎热的六月，会迎来“芒种”。麦子和稻子都有芒，芒就是那种尖尖的长刺，芒种到来了，说明长着芒的麦子快收割了，同样长着芒的稻子可以耕种了。长江中下游的地区

雨水日渐增多，即将进入梅雨季节。

6月中下旬夏至是一年中白昼最长、黑夜最短的一天，在这天太阳几乎直射北回归线。虽然夏至是一年中白昼最长的一天，却不是最热的一天。因为此时地面附近积聚的热量并不太多，最热的时候应该出现在7月或8月。

进入7月，马上迎来小暑。“暑”是炎热的意思，小暑表示天气已经变得炎热，却还不是特别热。小暑前后中国各个地区的降雨会更多，南方甚至会出现可怕的泥石流和雷暴、冰雹。

大暑是一年中最热的时候。对光和热无比向往的植物在大暑前后疯长，农作物亦然。不过凡事有利弊两面，大暑也是涝灾、旱灾和风灾最容易发生的时节，这可难为了农民伯伯，他们都在忙着抢种抢收。防暑降温是这个时期人们生活的主题，冷饮和防晒霜都是大受欢迎的商品。

秋处露秋寒霜降

虽然夏天节目很多，是很欢快的季节，但日子总是在暑气中度过多少有些乏味，让人禁不住思念起凉爽的天气来。于是，秋季就在这种思念的情绪中悄然而至了。

立秋标志着秋天的开始，不过并非昨天还是炎炎盛夏一夜之间就秋凉入髓。你听说过“秋老虎”吗？这并不是指活生生的大老虎，是对夏日暑气的余威一种生动的说法。立秋是个过渡性节气，天气慢慢由热变冷。此时庄稼也逐渐成熟了，一些地区已经开始早稻的收割了。

到了处暑，气温开始明显下降。在中国话里，“处”有终止的意思，“处暑”表示炎热的夏天已经结束了。这是一个收获的季节，谷物、水果都已经

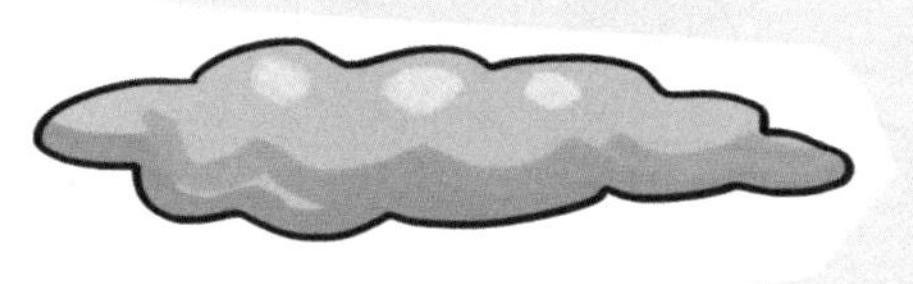

成熟，大地上飘逸着果实的香味。处暑气候干燥，多补充水分很重要，这也是为什么一到这个季节妈妈会要你多喝水多吃水果——这确实是聪明的建议，能减少患秋燥症的概率。

啊，终于讲到白露了，我最喜欢这个节气的名字，它多么美丽！白露时气温继续下降，天气更冷了，清早起来散步，能看到花木上布满的露水逐渐厚重，呈现出白色，果然没有辜负它这美丽的名字。鸟儿们也嗅到了天气转凉的信息，开始向南方迁徙寻求温暖的栖息地。

秋分这一天的情况与春分类似，太阳的光线直射赤道，一天被平分，白昼与黑夜一样长。秋分之后，中国的白天开始越来越短，黑夜则变得越来越长。古代中国人认为，秋分之后，就不会打雷了。因为按照中国人的阴阳观念，雷是因为阳气旺盛才发出的声响，而秋分之后阳气弱了，阴气旺盛了，所以雷声也消失了。我很喜欢这种神秘的、有浓郁民族特色的说法，它充满了魅力，不是吗?

寒露意味着随着温度的降低，草木上凝结的露水更加寒冷，即将变成霜了。在这个季节中国的南方走入秋季，而北方的一些地区甚至已经是冬天了。低温让一些树木的叶片变成漂亮的红色，菊花也傲然盛开，无论是登山赏红叶还是去公园看菊展都是不错的休闲活动。

进入10月末，将迎来秋天最后一个节气：霜降。看到这个名字就会知道，天气更冷了，地面上开始有霜出现。广袤大地呈现出萧瑟景象，枯黄的叶片翻转着坠落，小虫们不再鸣叫悄悄开始了冬眠，真是凄凉啊。

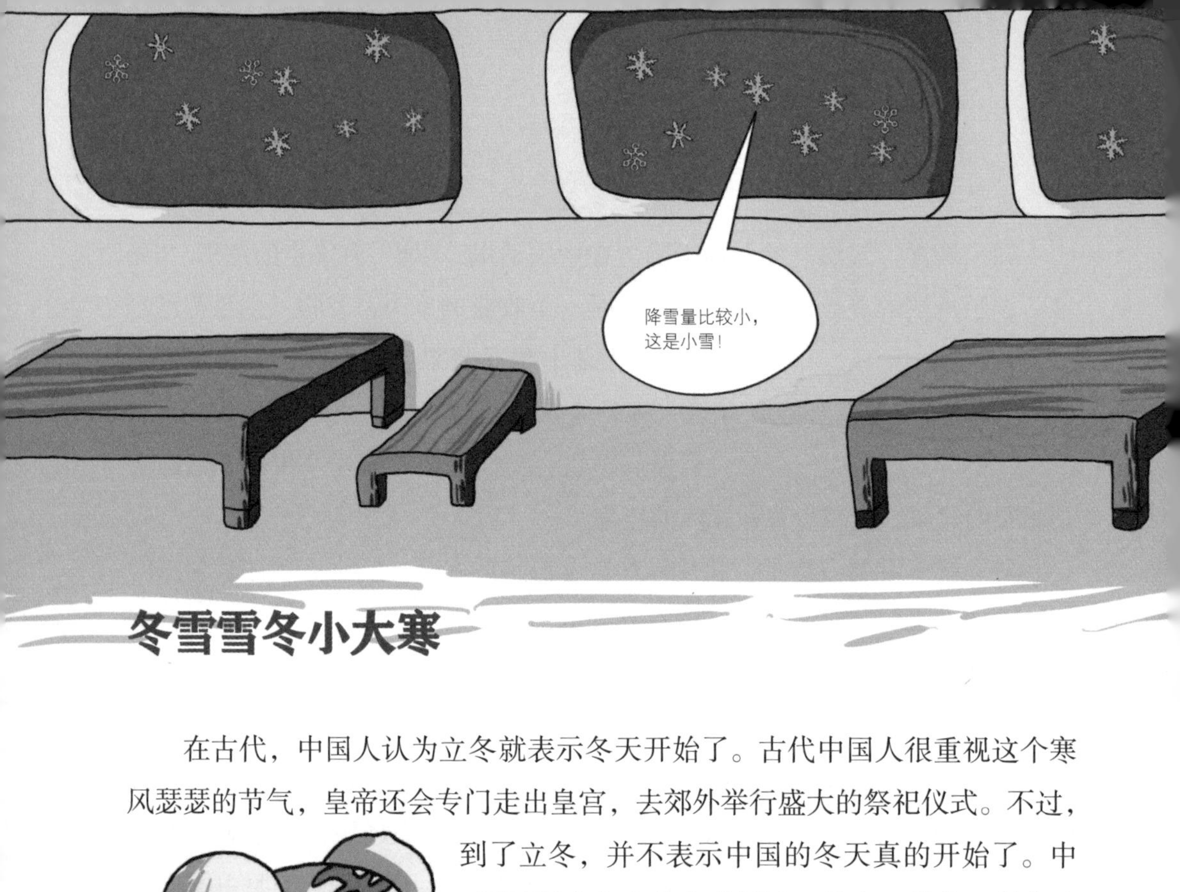

冬雪雪冬小大寒

在古代，中国人认为立冬就表示冬天开始了。古代中国人很重视这个寒风瑟瑟的节气，皇帝还会专门走出皇宫，去郊外举行盛大的祭祀仪式。不过，到了立冬，并不表示中国的冬天真的开始了。中国的国土实在是太广阔了，早在 9 月份、很多地方还是秋天的时候，中国北方的大兴安岭以北地区就已经是冬天了，温暖的长江流域却要到 11 月下旬才会出现一些冬天的景象。

立冬之后是小雪。寒冷的东

北风在中国的土地上盘桓，天气越来越寒冷。小雪的“小”是指降雪量而言。夏季积攒的温度尚未散尽，天空纵使有雪花落下也是星星点点。你妈妈会给你穿羽绒服和厚毛裤，这些衣物穿起来不太美观也有碍灵活，却能让你不至于被冻感冒。

在寒冷的 12 月会迎来大雪节气。大雪一定会下很多很大的雪花吗？不是的，“大雪”的意思仅仅是下雪的概率要比小雪节气大，并表示降雪量大。事实上，大雪节气前后很多地区的降雪量是很小的，只有几毫米，在干旱少水的西北地区，降水量连 1 毫米都不到。

冬至是一年中白昼最短、黑夜最长的一天。在民间很多地方都有吃饺子的习俗，据说饺子的形状像耳朵，在冬至这天吃饺子就不会冻伤耳朵。

小寒虽然名为“小”寒，却是中国二十四个节气中最冷的一个。根据我手中这份中国历史气象资料显示，小寒的气温一直是最低的，只有个别情况下才会出现大寒气温低于小寒。到了小寒，中国北方的河面上会结厚厚的冰，而秦岭—淮河一线则温暖许多，田野里还是充满生机。

唔，我们讲到了二十四节气中的最后一个——大寒。大寒降水比较少，不过由于此时农作物耗水量也不多，人们不会为这件事忧心。北方因为气温低田里没什么农活，农民伯伯会为迎接开春做准备；南方的农田依然充满生机，农民伯伯在认真地管理田间作物。春节的到来往往在大寒前后，所以，这也是一个喜气洋洋筹备过年的节气！

1. 气候，是一个地方持续 ____ 年保持的稳定气象状况。

① 10　② 30　③ 50　④ 100

2. 大气中，____ 的含量最高。

① 氮　② 氧　③ 二氧化碳　④ 一氧化氮

3. 大气的最外层是 ____。

① 对流层　② 平流层　③ 暖层　④ 散逸层

4. 单位面积上承受的大气的重量就是 ____。

① 气重　② 压强　③ 压力　④ 气压

5. 湿度可以分为 ____。

① 绝对湿度和相对湿度　② 内部湿度和外部湿度
③ 低温湿度和高温湿度　④ 低压湿度和高压湿度

6. 连续五天以上平均气温都超过 ____℃，就表示春天到来了。

①0 ②5 ③10 ④15

7. 北半球的春天在 ____ 月份到来，南半球的春天在 ____ 月份到来。

①1,6 ②3,9 ③9,3 ④4,10

8. 小雪的符号是：____。

① 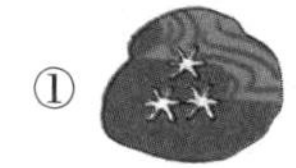 ②  ③  ④ 

9. 一年有 ____ 个节气。

①6 ②12 ③24 ④32

10. 节气中，最冷的一个是 ____。

①霜降 ②大雪 ③小寒 ④大寒

答案：1.② 2.① 3.④ 4.④ 5.① 6.③ 7.② 8.② 9.③ 10.③

天气警报之高温天气

头晕眼花！小心“中暑”来找你！

在烈日下暴晒一段时间或在高温环境下做了一些体力劳动后，如果你感觉口渴、乏力、头晕、眼花，那就表明你中暑了！此时，必须马上到阴凉处休息，并赶紧补充水分和盐分。

夏天，在气温骤然升高或温度极高时，中暑情况极易发生，尤其是孕妇、老年人、体弱者和慢性病患者。中暑时，除了头晕眼花，还会出现皮肤灼热、恶心、呕吐、血压下降等症状。这些状态如果几小时后就消失，就说明只是轻微中暑，若一天都没消失，且还出现了昏厥、痉挛等情况，那就要赶紧治疗了。避免中暑最好的方法就是不要在大太阳底下待太久，并多喝水保持身体水分！

又热又湿！脑血管病人要当心！

对患有高血压、心脑血管疾病的老年人来说，高温天气，尤其是高温潮湿又无风的天气简直就是他们的灾难日！这是因为，天太热的时候，人体的排汗系统受到抑制，体内的热量不断增加，心机耗氧量会随之增加，使血管处于紧张状态。另一方面，闷热会导致人体血管扩张，血液黏稠度增加，极易发生脑出血、脑梗死、心肌梗死等症状，严重的甚至会导致死亡。因此，夏天天气炎热的时候，老年人一定要尽量减少外出，注意避暑解暑，一旦身体出现异常情况也要赶紧就医，以免发生危险。

吹呀吹！小心吹出“空调病”！

闷热的夏天，没有空调简直不能过！可是，空调吹多了也会得病。长时间待在空调房里，由于空气不流通，环境得不到改善，人们会出现鼻塞、头昏、打喷嚏、耳鸣、乏力、记忆力减退等症状，皮肤也会发紧发干并极易过敏。这就是我们经常听到的“空调病”。

预防空调病要经常开窗换气，利用自然风降低室内温度；室温最好定在 25 ~ 27℃，室内外温差不要超过 7℃；有空调的房间要注意保持清洁卫生，最好每半个月清洗一次空调过滤网；热天回家后，要先洗个温水澡，自行按摩一番，再适当加以锻炼，增强自身抵抗力。

阿嚏！热感冒可一点儿都不好玩！

阿嚏！夏天感冒，这可不是开玩笑。夏季易发的感冒俗称“热感冒”。患上热感冒的人会出现头昏头痛、咽痛、咳嗽、鼻塞流涕、口干舌燥、四肢无力等症状。最讨厌的是，患上热感冒的人不能尽情吹空调，真是要多难受有多难受！

引起热感冒的原因很多，如夏天昼长夜短，闷热天气很容易影响人们的正常休息，从而导致睡眠不足，浑身乏力等。很多人认为，大热天得感冒，不用打针吃药慢慢就会好。事实上，这么做真是蠢透了！热感冒不及时治疗可能使感冒恶化，引发严重的并发症。因此，别小瞧热感冒，一旦感冒一定要及时治疗！

天气警报之暴雨天气

天哪，城市到处都是水！

夏季，时不时地会出现这样的天气：伴随着咔嚓嚓的电闪雷鸣声，大暴雨倾盆而下，把整个城市都淹没在雨水中！

暴雨是指降落到地面的水量每日达到和超过 50 毫米的降雨。暴雨来得很快，雨势又猛，尤其是大范围持续性暴雨和集中的特大暴雨，能在短短几个小时内将一座城市变为“汪洋”。这时，是最考验一个城市排水系统是否合格的关键时刻了。而暴雨时期，无论是上下班还是外出，都要格外关注天气预报，做好防雨准备，以免被困路上或出现其他危险。一旦街道被水包围，千万不要妄图游泳穿过或者贸然前行，要赶紧爬上屋顶、大树等高处避险，等待救援。

轰隆隆，可怕的泥石流！

夏季是暴雨多发的季节，如果这个时间外出旅游，一定要提前查看天气预报，以免出现暴雨天气而遭遇泥石流！

泥石流是指在山区或其他沟谷深壑、地形险峻的地区，因为暴雨、暴雪或其他自然灾害而引发的山体滑坡并携带有大量泥沙及石块的特殊洪流。泥石流具有突然性以及流速快、流量大、物质容量大和破坏力强等特点。泥石流一旦出现，常常会冲毁公路、铁路等交通设施甚至村镇等，给人们生活造成巨大损失。一旦遭遇泥石流，一定要赶紧向滑坡方向的两侧逃离，并尽快在周围寻找安全地带。如果无法继续逃离，要赶紧抱住身边的树木等固定物体，以免被泥石流冲走。

哎呀，农田被淹没啦！

长时间的特大暴雨还可能引发洪水灾害。洪水通常是指由暴雨、急骤融冰化雪、风暴潮等自然因素引起的江河湖海水量迅速增加或水位迅猛上涨的水流现象。洪水不但会破坏各种基础设施，淹死弄伤人畜，还会淹没农田，对农作物造成毁灭性影响。

洪水会抬高地下水位，导致土壤水长时间处于饱和状态，这就使得农作物根系的活动层水分过多，不利于生长，从而使农作物减产。面对洪水，最好的对策就是要修建防洪措施，包括水库、堤坝和蓄滞洪区等。这样一旦暴雨降临，急速增长的流水就会被拦住，而不是决堤而去，毁坏农田和建筑物。

水面抬高了，小心溺水！

下暴雨时或者暴雨刚刚过后，公园池塘里、游泳池、河流、溪边等地的水位会上涨，看起来哗哗哗的非常好玩。不过，你可千万不要因为好奇或贪玩跑到这些地方来，以免一不小心出现溺水事故！

下暴雨时，尽量不要在有水的地方行走，以免水势上涨站立不稳。暴雨过后，也一定不要单独到河边湖边玩耍，更不要独自一人到河里游泳，以免涨高的水位让你猝不及防出现溺水情况。一旦发现有人溺水，也不要匆忙跳入水中救人，而要先大声呼救，并寻找较长的木杆、绳索等物品扔给落水者，让他能抓住以获救。

天气警报之冰雪天气

到处滑溜溜，小心摔倒！

滑溜溜的地面，轻轻一溜，就像滑旱冰一样溜出去好远！真好玩！不过，可不能在大街上这么玩，摔跤是小，摔倒后被车子碰到可就惨啦！

刚下过雪结冰的地面非常滑，一不留神就会摔倒。如果刚好摔倒在马路上，就很容易被过往的车辆给碰到，非常危险！因此，在下雪结冰的道路上行走，最好穿防滑的胶鞋，尽量不穿平底无花纹的鞋，身体重心要放低，并随时注意行车情况。由于雪天路滑，汽车会经常出现刹车侧滑、调头失控的情况，因此行人要在人行道或靠路边行走，并尽量离车行道远一些。横过道路时，也要先左右观察确无车辆驶来时，再小心通过。

刹不住了，要撞车！

哎呀，刹不住车了，要撞车了！下雪天走路很危险，驾车更危险。由于路面湿滑坚硬，车辆行驶时车轮与地面之间的摩擦系数减小，车轮与地面之间的附着力随之减小，刹车制动能力降低，车辆就很难刹车。这样一来，一旦遇到转弯或者紧急情况时，车辆就很容易出现侧翻、追尾撞车甚至是连环撞车。

避免雪天出现汽车事故，驾驶员一定要严格遵守交通规则，尽量减速慢行，与前面的车辆保持一定的车距，并集中注意力驾驶，严禁超车。此外，雪天车辆要尽量安装防滑链，以增加车轮与地面间的摩擦，增加刹车制动力。

结了冰的湖面，玩不得！

结冰了，滑溜溜的冰面，刚好可以滑冰！大雪之后，冰冷的温度会导致一些河流或者小池塘中的水结冰。看起来闪闪发光的冰层总是诱惑着小朋友踩上去滑一滑，遛一遛。可是，这样的诱惑其实是极具危险性的！

结了冰的湖面冰层厚度不一，说不定哪里的冰比较薄，踩上去就会碎掉。而一旦冰碎落水，由于冰窟窿周围都是冰块，你很难露出头来呼吸，别人也很难展开救援。因此，别被公园池塘或者湖面上的冰面给骗了，一定要记着不能随便到湖面上滑冰！实在想滑冰的话，到正规的滑冰场去吧，那里的冰是不会突然碎掉的。

咯嘣嘣，广告牌要掉下来了！

“哎哟，什么砸到了我的头！”抬头一看，从房顶上落下一团白雪，正朝你身上落下。下过大雪后，这种情况很常见，有时还能给你带来小惊喜和很多乐趣。可是，如果头顶落下的不是白雪，而是被雪压垮的广告牌，那你就惨了！

别看一片小雪花那么轻盈，厚厚的雪花层却有很大力量，甚至能把一个硕大的广告牌给压倒，或者将一个不太结实的临时房屋给压垮。因此，大雪之后外出，一定要注意远离建筑工地、临时搭建物、广告牌和老树等，避免被砸伤。路过屋檐、涵洞、桥下等地方时，也要多注意头顶，小心通过或绕道通过，以免上面的冰凌融化脱落伤人。

天气警报之雾霾天气

咳咳！到处都是脏脏的小颗粒！

到处灰蒙蒙的，整个城市像蒙上了一层厚厚的黄色抹布，这就是雾霾天气出现时的景象。

由于空气污染，近几年我国一些大中城市经常出现雾霾天气。雾霾的组成成分非常复杂，包括数百种大气颗粒物，其中对人类健康有危害的主要是直径小于 10 微米的气溶胶粒子，如城市污染颗粒物、汽车尾气有机气溶胶粒子、氢化物、硫化物、沙尘等。它能直接进入并黏附在人体上下呼吸道和肺叶中，引起鼻炎、支气管炎等病症，长期处于这种环境甚至还会诱发肺癌。因此，雾霾天气外出时一定要戴上口罩，免得直接把那些脏脏的污染颗粒吸入肺里。

哎！灰蒙蒙的天气让人想发狂！

灰蒙蒙的大雾天，可不容易有好心情！一到大雾天，人的心情就会不由自主地随着雾气变得灰突突的，情绪低落、心情沮丧，一点儿也提不起精神来。

其实，这真的是大雾在“捣鬼”。阴沉沉的雾霾天由于光线较弱，再加上空气中充满低气压，很容易让人精神懒散、情绪低落，产生悲观情绪，一旦遇到不顺心的事情甚至很容易失控！要摆脱大雾天对心情的影响，就要学会调节情绪。听一些舒缓宁静的音乐，做自己喜欢做的事情，跟朋友聊天做游戏等，都是不错的调节心情的方法。

洗洗刷刷！小心身体上的污染物！

大雾天从外面回到家，一定要赶紧清洗一下自己。雾气中潜藏的细小悬浮颗粒污染物会黏附在你手上、口中和鼻子里，随时准备偷袭你，给你的身体带来不适。

清洗的方法很简单，只需要做三件事：洗脸、漱口和清洗鼻子。洗脸时用温水，可以将皮肤上的雾霾颗粒有效地清洁干净；漱口有助于清除附着在口腔内的脏东西；清洗鼻子时，要先洗净双手，捧一捧温水，用鼻子轻轻地吸水并且迅速擤鼻涕，反复进行几次，鼻腔里的脏东西就能清理干净了。

呼吸好难受！清肺润肺食物来帮忙！

大雾天空气质量差，人体呼吸系统会受到很大影响，出现呼吸不畅、咳嗽等呼吸道问题。对此，不妨多吃点清肺润肺的食物，给受伤的肺“补补身子”。

清肺润肺可以多吃豆腐、鱼类和雪梨。鱼和豆腐是人们日常喜欢的食物，豆腐食药兼备，益气、补虚，钙含量非常高，有助于增强人体免疫力。而鱼类中丰富的维生素 D 具有一定的生物活性，可将人体对钙的吸收率提高 20 多倍。此外，雪梨炖百合能达到润肺抗病毒的效果，雾天可以多食用。午后还可以喝一些罗汉果茶，有助于防治雾天吸入污浊空气引起的咽部瘙痒，润肺养肺。